[美] 德里克·尼德曼 著

涂泓 译 冯承天 译校

数字密码

1到200的身世之谜

上海科技教育出版社

图书在版编目(CIP)数据

数字密码:1到200的身世之谜/(美)德里克·尼德曼著;涂泓译.—上海:上海科技教育出版社,2022.3
(2023.12重印)
(数学桥丛书)
书名原文:Number Freak:From 1 to 200 — The Hidden Language of Numbers Revealed
ISBN 978-7-5428-7715-4

Ⅰ.①数… Ⅱ.①德… ②涂… Ⅲ.①数字-普及读物 Ⅳ.①O1-49

中国版本图书馆 CIP 数据核字(2022)第 029142 号

责任编辑 王乔琦 卢 源 匡志强
封面设计 符 劼

数学桥 丛书

数字密码——1 到 200 的身世之谜

[美]德里克·尼德曼 著
涂 泓 译 冯承天 译校

出版发行 上海科技教育出版社有限公司
(上海市闵行区号景路 159 弄 A 座 8 楼 邮政编码 201101)
网 址 www.sste.com www.ewen.co
经 销 各地新华书店
印 刷 上海颛辉印刷厂有限公司
开 本 720×1000 1/16
印 张 28.25
版 次 2022 年 3 月第 1 版
印 次 2023 年 12 月第 2 次印刷
书 号 ISBN 978-7-5428-7715-4/O·1154
图 字 09-2017-795 号
定 价 108.00 元

前　言

"数本身就是使其成为数的原因。"

这句话是马莱斯卡（Eugene T. Maleska）说的，他曾担任过《纽约时报》（*New York Times*）的纵横填字游戏编辑。那是 1981 年，他刚刚同意发表我的一篇投稿。在审阅期间，他询问了我生活中的许多情况。我回答说，我是一名数学专业的研究生（当时没在忙着写论文，却在编制纵横填字游戏，不过那是另一件事了）。他又回复我说，大多数文字工作者都对数学不感兴趣，由此就令上面这句引文的意义不言而喻了。

马莱斯卡已经离世多年了，不过从某种程度上来说，本书就是为以他为代表的那样一些人写的——这些求知好学者抱定了决心，每天都要学习点新知识，然而，数，对他们而言，仍然有几分神秘。听说过素数的人们，却很可能说不清它的具体定义是什么。

凑巧，当我开始撰写此书时，马莱斯卡的继任者肖兹（Will Shortz）为我后来的一个填字游戏加了一个标题，而这个标题在某种程度上阐明了本书的全部要义。我所说的这个填字游戏刊登在 2006 年 8 月的《纽约时报》上，其中包括了诸如门肯（H. L. Mencken）、智商测试（IQ test）、MX 导弹（MX missile）和刘易斯（C. S. Lewis）这样一些名字和表述。肖兹为这个填字游戏所取的标题为 $13 \times 2 = 26$，以期给出一个重要提示。他的想法是这样的：一旦解谜者想起英文字母表中包含着 26 个字母，他们就有了去破解这个填字游戏的主题的一个非常有利的开端——13 个词条,每个词条都如同上面几例中那样,以一对字母开头,字母表中的每个字母都出现一次,且仅出现一次。

本书的要义就在于此。翻到以 n 为主题的那一页,你就会找到你曾想知道的关于 n 这个数的一切——它的算术、它的几何,甚至还有它出现在大众文化中的情况。我们会发现,数有自己的个性,而这些是你不仔细研究就永远无法看到的。例如,仅仅因为 16 和 17 紧挨着,我们并不能推断它们的表现也相同。一个是完全平方数,等于 4×4;另一个却是素数,除了它自身和 1 之外没有任何其他因数。16 对于一场周末网球锦标赛而言是一个奇妙的数,而 17 在这方面令人讨厌,但它在其他一些方面却脱颖而出。有多少人会意识到恰好有 17 种对称的壁纸图案呢?

我最终讨论了从 1 到 200 的所有数,在讲到三位数时对讨论进行了遴选。我发现有些数有足够的内容可以独立成书,而另一些却需要进行一番努力才能找到些许内容:138,有谁能想到什么吗? 不过,我最后还是惊叹,假如你愿意挖得足够深的话,原来有那么多数是有故事可说的。

现在再来做几条真诚的说明。首先,虽然本书给人一种很完备的感觉,但许多数的性质仍然不很全面,而这只是由于不得不作出取舍这一简单原因。我想我在数 13 中并未提到女巫集会上有 13 位女巫,也没有提起 200 是评估胆固醇读数时的一个常用截止值,抱歉! 此外,我本可以光用体育运动中的那些数,就写出一整本书。所以你就可以想象到,本书会有许多与体育运动相关的条目被舍去,从而为其他条目腾出篇幅。

在宗教或其他方面的那些神圣数字也可以构成一本独立的书籍，我也同样不想去写。这是一本关于数的书，而不是一本关于数字命理学的书，两者之间存在很大区别。是的，我确实涉猎了一些数字命理学概念。我甚至提到，像 37 这样的一些数，因为被赋予了神秘主义色彩而赢得了大量狂热信徒。虽然我没有与他们同样的特殊热情，但我至少试图说明这种小题大做究竟是怎么回事。

我也没能充分地解释诸如"the whole nine yards"或"23 - skidoo"①之类的表述，不过在这种情况下，请不要怪罪于我。这些例子中，有 95% 的起源都很复杂，它们有一系列源头。对于"86"这个数字，我尽了最大努力（比如说在解释其"丢弃"之义时），但是我发现一旦陷入了免责声明和警告的泥沼，就很难下笔了。因此，对于很多（如果不说是大部分的话）与此类数字相似的表述方式我都没有提及。竟然有那么多与数字相关的表述方式都没有明确的来源，坦白地说，光是这一点就令我感到惊讶不已。

此书中充满了琐屑的小事，不过其中也充满了数学的历史——你是否有胆量将这两者等同起来！就论述数学的历史这一点而言，这是你所能想象得到的最具跳跃性的描述。这一页你还在 1800 年，下一页你就回到了公元前 200 年。不过，在你阅读此书的过程中，你会遇到所有的伟人，从欧几里得到欧拉，再到你可能从未听说过的那些现代杰出人物。

---

① "the whole nine yards"的意思是"一切、从头至尾"；"23 - skidoo"的意思是"快速离开"。——译注

令我有些担心的是,我可能在某些场合下损害了这些伟大学者的形象。毕竟,本书中有许多只是为了好玩和傻里傻气的内容,常常与某些重要的数学知识刚好擦边。更糟糕的是,我不一定会事先告诉你哪个是哪个。有些时候,在我们所谓的"趣味数学"与那些具有广泛应用范围的数学领域之间,分界线相当明显。不过,关键的一点在于,这个领域中的大多数名人在两方面都有涉猎,这是他们好奇心驱使的必然结果。本书从根本上来说是要开发你的数学思维,而做到这一点的方法不止一种。假如有些基本的数学术语仍然令你感到陌生,那么我匆匆准备的专业词汇表应该能帮助你继续坚持下去。

假如你仅仅想从流行文化的角度来阅读本书,那也很好。古代世界七大奇迹与柯尼斯堡七桥问题在"与七相关的"程度上是完全一样的,你不需要任何图论的知识去理解它们。你也不需要我来告诉你一周有七天,但是我还是尽量不遗漏这些日常的点点滴滴。

由于数字本身的特点,有关它的故事永远也说不完,我对于它不得不收尾而略感伤怀。不过,这只是刚刚开始,我希望你的数字之旅行程愉快。

——德里克·尼德曼
于马萨诸塞州尼德姆

目　　录

目录
MULU

MULU 目录

目录
MULU

目录 MULU

1
到
200
的
身
世
之
谜　数字密码

1

用 1 作为本书的开始,既是一种符合逻辑的方式,也是一种啰唆的方式。符合逻辑,是因为 1 位列第一,因此若将它遗漏的话似乎是荒唐的。啰唆,是因为本书介绍的是关于整数的各种特殊性质,而 1 这个数本身就具有太多的特殊性质。

首先,1 是"乘法单位"——用任何数乘以 1,这个数都保持不变。特别是,1 就等于其本身的平方和立方,并且一般而言,对于任意 n,1 的 n 次幂都等于 1。如果某概率等于 1 的话,就等同于必然。1 也是基本三角函数正弦和余弦能达到的最大值。1 这个数还是数学家们所研究的许多方程的一个明显的解,甚至达到了几乎必须将它完全排除在外的程度:它不仅是完全平方数和完全立方数,还是三角形数、五边形数、六边形数等。那么,你看出问题所在了吗?

1 这个数无处不在,这个概念在本福德定律的形式之中有着特殊的基础。这条 1938 年由物理学家本福德(Frank Benford,1883—1948)提出的概念是:在各种各样自然发生的数据集中,各个数字并不是均匀分布的(本福德研究过数以千计的数据集,仅举其中几例,有分子重量、人口规模、报纸头版上的数字等)。特别是,此类数的首位数字是 1 的概率达到三成,远远超过预想中的九分之一。(抱歉,我们在这里不考虑零。)

本福德定律的原型是天文学家纽科姆(Simon Newcomb,1835—1909)

在 1881 年发现的：在对数用表中，包括以 1 为首的那些对数的书页边角处更容易破损。最近，本福德定律已被应用于稽查税务和账务造假。其基本原理是，临时编造数字的那些人并不熟悉本福德定律，因此，他们所伪造的虚假数据集就会由于出现在其中的 1 太少而露出马脚。

▽

古希腊哲学家巴门尼德（Parmenides，公元前 5 世纪）持有的观点是"万物归一"。虽然我不能说我确切理解他的意思，但看起来正是受到了巴门尼德的启发，芝诺[他的名字 Zeno 的首字母既可以写成 Z，也可以写成 X，随后是反过来拼写的"一"（one）]才想出了那一系列很出名的悖论。也许其中最为著名的便是被内行们称为二分法的那个悖论：在你能够到达某目的地之前，必须先经过其一半路程。这里没有任何问题，只是从半程点出发，你必须再经过剩下的一半路程的一半，以此类推。由此导致的悖论就是，只要你这样做，就永远不会真正到达你的目的地。这种推理思路令芝诺那个时代的思考者们困惑不解，不过到 17 世纪末牛顿和莱布尼茨草拟出微积分概念的时候，一个无穷级数能收敛于一个有限数的观点已经不再存在矛盾了。我们现在所考虑的这个特定级数可表示为以下等式：

$$1 = \frac{1}{2} + \frac{1}{4} + \frac{1}{8} + \frac{1}{16} + \frac{1}{32} + \cdots,$$

或者写成更简洁的形式 $1 = \sum_{n=1}^{\infty} \frac{1}{2^n}$

▽

关于 1 这个数，法国数学家勒贝格（Henri Lebesgue，1875—1941）给出了一类更为高级的悖论。他的勒贝格测度提供了一种手段来度量欧几里得空间的各种子集。举个简单的例子来说，[0，1]这个区间（即 0 和 1 之间的一切实数）所具有的勒贝格测度为 1。到目前为止没有任何问题，但是当我们听到 0 和 1 之间的无理数集合所具有的测度也是 1 时，这就与我们的直觉发生冲突了。换言之，尽管整个真分数集合可能有无限个元素,但它的测度却为零,这一令人震惊的事实提示我们,并非所有无穷集都是相同的。

勒贝格显然是最后一个将 1 视为素数的著名数学家。不过,已故的天文学家萨根(Carl Sagan,1934—1996)在他 1985 年出版的《接触》(*Contact*)一书中也将 1 包括在素数之中。不过如今的大多数数学家都更多地受到施特劳斯(Ernst Gabor Straus,1922—1983)的一些观点的影响。他长期担任加州大学洛杉矶分校的教授,也是爱因斯坦的门徒。人们认为以下这句话出自他之口:"素数是构成算术的砖块,而 1 就不是一块砖!"本着这种精神,1 所在这一节的开头处就没有指明它是素数还是合数,而这会是本书中唯一的例外。如果讨论的数是合数,我们当然乐意给出它的因数分解形式。

▽

在国际象棋中,1 这个数被用来表示胜利,因此如果逐行回顾一场国际象棋比赛,其结果为 1 – 0 就表示白方获胜,$\frac{1}{2}$ – $\frac{1}{2}$ 则表示平局,而 0 – 1 则表示黑方获胜。

▽

最后,"我们是第一"这种说法到如今已经是一种相当令人生厌的老调重弹了,尤其是当它来自足球场的另一边时,但是这种表达方式并不会马上被取代,1 本身的地位也是如此。顺着这些思路,我们必须说"头号公敌"这种表述方式已完全不是

卡彭(Al Capone,1899—1947)①那个时代的意思了。卡彭所知道的那种

———————————

① 卡彭,绰号"疤面"(Scarface),是一名美国黑帮成员,禁酒时期的芝加哥犯罪集团联合创始人和老大。——译注

"列队辨认嫌犯"，乃至守法的美国人所知道的那种"警局列队指认"，也都失去了之前的意思，这些说法的流行程度随着计算机数据库和 DNA 技术的出现而下降了。不过，即使在列队指认嫌犯的做法风行时，许多警察局也是从 2 开始排列嫌犯的，而这只不过是因为无论罪犯们碰巧站在哪个位置，强大的 1 这个数被选中的比例总是高到不成比例的程度。本福德本该预料到这一点的。

2 [素数]

2 这个数是素数中唯一的偶数。它也是唯一的在英文拼写（two）里没有 e 这个字母的素数，因为每个奇数中都有 e。

$$\triangledown$$

2 的（算术）平方根被写成 $\sqrt{2}$，它是第一个被证明为无理数的数，意即它不能写成两个整数的商。这一事实的发现应归功于麦塔庞顿的希帕索斯（Hippasus of Metapontum，约公元前 500 年），并且其证明简单得惊人。只要采取反证法，先假设 $\sqrt{2} = \dfrac{p}{q}$，其中 p 和 q 为没有公因数的两个正整数。假如我们将等式两边平方，我们就得到了 $2 = \dfrac{p^2}{q^2}$，或 $2q^2 = p^2$。但是一个完全平方数不可能等于另一个完全平方数的两倍。具体来说，请注意上面等式中的 p 不可能为奇数，因为假如它是奇数的话，等式右边就会是奇数，然而等式左边显然是偶数。不过，假如 p 是偶数的话，它就有一个因数 2，于是 p^2 就会能被 4 整除。但是既然 $p^2 = 2q^2$，那就意味着 q 是一个偶数，从而违背了我们假设 p 和 q 没有公因数这一点。因此 $2q^2 = p^2$ 这个等式绝不可能成立，$\sqrt{2}$ 不能写成两个整数的商。

好吧，也许这并不如你所愿的那么容易，不过也不要嫉妒希帕索斯。

无理数的这一概念显然冒犯了他的毕达哥拉斯学派同行们,这群人认为世界围绕着一些美好的简单比例运行。希帕索斯是在海上作出他的这一发现的,或者传说如此,于是与他同船的那些人就将他从船上抛了出去。如今我们对于数学发现的态度比较宽容了,但仍然应该说,那些小时候就展示出数学天资的人,在小学里常常是被嘲笑和愚弄的对象。希帕索斯这个故事的出乎意料之处在于,结果证明,无理数集合比有理数集合具有更高阶的无穷,而这个基本事实是他本人或折磨他的那些人在世时都没有发现的。

$$\triangledown$$

bi -这个前缀的意思是"二",比如说在自行车(bicycle)、双筒望远镜(binoculars)、双翼飞机(biplane)、二等分(bisect)和二进制(binary)这些词中就是这样。奇妙的是,这对"饼干"(biscuit)这个词也适用,因为它源自意大利语的"biscotti",而其字面意义是"经过两次烘烤"。

$$\triangledown$$

在几何学里,2 这个数出现在那句著名的"两点确定一条直线"中。这一陈述在平面几何中显然是正确的,但在真实世界中却常常遭到滥用,因为真实世界中的两个数据点可能不足以确定一种实际的趋势。

$$\triangledown$$

众所周知,假如一个直角三角形的两条直角边为 a 和 b,斜边为 c,于是就有 $a^2 + b^2 = c^2$。这个被大家称为毕达哥拉斯定理(在中国被称为勾股定理)的等式也许还算不上最受认可的含有 c^2 的等式(这一头衔很可能属于 $E = mc^2$),不过在受到认可的数学等式的清单中,它还是处于遥遥领先的位置。它的证明要比爱因斯坦的那个标志性等式要略微容易一点,证明方法如下页图所示:

图中最大正方形的边长为 $a + b$,因此它的面积就等于 $(a + b)^2$。不过，这个正方形同时也是由边长为 c 的那个正方形与四个面积均为 $\dfrac{ab}{2}$ 的三角形拼接而成的。把所有这些综合起来，就得到 $(a+b)^2 = c^2 + 4\left(\dfrac{ab}{2}\right)$。将等式左边展开后得到 $a^2 + 2ab + b^2 = c^2 + 2ab$，于是有 $a^2 + b^2 = c^2$。特别地，假如 a 和 b 都等于 1，那么 c 就等于 2 的平方根，而对于 c 可能是什么的探究，显然就是导致希帕索斯葬身海底的导火索。[人们认为公元前 4 世纪的几何学家特埃特图斯 (Theaetetus) 得出了更具一般性的结论：对于不是完全平方数的任何整数，其平方根就必定是一个无理数。]

请注意，以上的证明要求 a 和 b 之间的夹角是一个直角，这是因为若非如此，那些白色三角形面积的计算过程就会比较复杂。你应该知道，毕达哥拉斯定理反过来也成立——假如一个三角形的各边长满足 $a^2 + b^2 = c^2$，那么这个三角形就是一个直角三角形。在欧几里得那个时代（公元前 300 年）的常识就是这些。自从欧几里得那个时代以来，毕达哥拉斯定理的证明已发表了数百种。其中最值得注意的一种是 1876 年由加菲尔德 (James A. Garfield，1831—1881) 想出来的，五年以后，他就任美国总统。（可叹啊，如今倘若有候选人具备如此的数学好奇心和才能，此人在全国大选中反而很可能会因此处于劣势。）

▽

可以把毕达哥拉斯定理推广到三维的情况，因此假如 a、b、c 是一个矩形棱柱（盒子）的三条边，而 d 是其对角线，那么就有等式 $a^2 + b^2 + c^2 =$

d^2。此外，它甚至在二维的情况下也可推广到直角三角形以外的其他三角形，从而得出余弦定理。

不过对于毕达哥拉斯定理，有一件事是你不能做到的，那就是将其中的幂次 2 改掉。著名的费马大定理断言，对于除了 2 以外的任何其他正整数 n，方程 $x^n + y^n = z^n$ 都无解。数学家们徒劳无功地追逐了这条定理 300 年，直到 20 世纪 90 年代，普林斯顿大学的怀尔斯（Andrew Wiles，1953—　）给出了它的证明。（好吧，我撒谎了。这个方程在 $n=1$ 时有无穷多个解，从而证明了在"1"这一章内容中所提出的观点，即 1 可能是一个麻烦，因为有如此众多的数学事实中都"偶然地"包括了 1 这一种完全没有什么价值的情况。）

▽

2 这个数在几何背景下的最后一次出场，是它在伟大的瑞士数学家欧拉（Leonhard Euler，1707—1783）推导出的一个公式中露面。欧拉注意到，在被称为多面体的三维形体中，边数、面数和顶点数之间存在着一种确定的关系。

举一个简单的例子来说，下图中的这个立方体有 12 条边、8 个顶点和 6 个面，而 $8 + 6 - 12 = 2$。

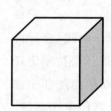

欧拉证明了这个公式对于任何多面体都成立。更确切地说，假如边数、顶点数和面数分别用 e、v 和 f 来表示，那么就有 $v + f - e = 2$。

（不，你在这里所看到的这个 e 并不是微积分课程上所用的 e，不过也许值得指出的是，微积分中的 e 是以欧拉的名字来命名的，他的非凡工作会在本书中多次出现。）

3 [素数]

"马恩岛三曲腿"自 13 世纪以来就一直是马恩岛的官方标志。它的一个灵感可能来自西西里岛的旗帜，其特征就是由三条腿环绕着的美杜莎①之头。许多欧洲国旗，尤其是法国和意大利的国旗，都是由三条竖直条纹构成的。

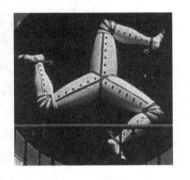

▽

正如两点确定一条直线，不在一直线上的任意三点则确定一个平面。特别是，可以将这三点连接起来构成一个三角形，其中有几种基本类型：

等边
（三条边都相等）

等腰
（两条边相等）

直角
（有一个 90°角）

----

① 美杜莎(Medusa)是希腊神话中的蛇发女妖，传说被她凝视过的人将会变成石头。——译注

几何中的三

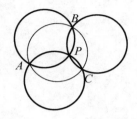

假如三个全等的圆相交于一点（左图中的 P 点），那么另外三个交点必定位于与这三个圆全等的一个圆上。这个结论被称为约翰逊定理，是罗杰·约翰逊（Roger Johnson，1890—1954）在 1913 年发现的。

▽

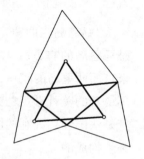

假如将三个大小不同的等边三角形点对点连接在一起（如下图所示），那么它们的中心就会构成第四个等边三角形的各顶点。事实上，这个结论被称为拿破仑定理，以纪念其发现者，一位名叫拿破仑·波拿巴（Napoleon Bonaparte，1769—1821）的业余数学家。拿破仑的才智，再加上他的权势，最终导致伟大的天文学家和数学家拉普拉斯（Pierre-Simon Laplace，1749—1827）将自己开拓性的巨著《天体力学》（*Celestial Mechanics*）献给了他。据传，拿破仑感谢拉普拉斯的这一敬献，并评论说手稿中完全没有提到上帝。而拉普拉斯对此的回答是："陛下，我认为我不需要这个假设。"

▽

直角三角形可能是等腰的，但绝不可能是等边的，这是因为一个等边三角形的各个角都必定等于 60 度。一个三条边各不相等的非直角三角形被称为不等边三角形。

有一种很好的关系将一个完全对称的等边三角形（见下页图左边）和一个完全不对称的不等边三角形（见下页图右边）联系了起来。它们之间的那个图形看起来和梅赛德斯汽车公司的徽标颇为相似，不过对于我们而言，它只是一个三叉星，它的三个端点构成了一个等边三角形。现

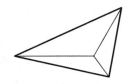

再想象一下,将这个徽标放入那个不等边三角形内,从而以某种方式使徽标的每个端点都直接指向这个三角形的一个顶点——假如想象你自己在驾驶一辆梅赛德斯汽车会有所帮助的话,那就请这样做吧。一旦你找到了这个点,就如右图中那样向三个顶点画出三条直线段。不论你是否意识到了,这时你已经作出的三根线段中的任意两根之间的夹角都精确等于 120 度(这总是可能做到的,除非这个三角形原先就有一个超过 120 度的角)。三角形内部的这个有魔力的点被称为"费马点",具有这样一种性质:它到三个顶点的距离之和为可能达到的最小值。如今,假如你在铺设电缆或者在半导体上构建路径,那么寻找像这样的一些点是有意义的。然而回到 17 世纪初,这却是费马对托里拆利(Evangelista Torricelli,1608—1647)提出的一项挑战。托里拆利显然解决了这个问题,而且还有多余的时间去发明气压计。

▽

所有三角形中最为著名的一个可能是具有无限长度的帕斯卡三角形,它的前几行如下图所示。这个三角形的两边都由 1 构成,而中间的每个数是其左上方和右上方的两个数的和。

虽然帕斯卡三角形的构建方式很简单,但其中却包含着许多重要的模式和规则。例如,在下图的最后一行(通常被称为第六行,最上方的那个单个的 1 被视为第零行)中,从左边数起的第四个数(20)是从一个由 6

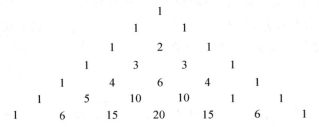

个对象构成的初始集合中选出一个由 3 个对象构成的子集合的方式数（选择第一个对象的 6 种方式，乘以选择第二个对象的 5 种方式，再乘以选择第三个对象的 4 种方式，将所得乘积除以排列你所选出的三个对象的 6 种方式。）一般而言，帕斯卡三角形的第 n 行的第 $k+1$ 项的值就等于 $\dfrac{n!}{k!\,(n-k)!}$，其中的 ! 是阶乘函数（n 的阶乘就是小于或等于 n 的所有正整数之积）。

通过计算诸如 $(a+b)^6$ 这样的表达式（展开后等于 $a^6 + 6a^5b + 15a^4b^2 + 20a^3b^3 + 15a^2b^4 + 6ab^5 + b^6$），可以得出该三角形的另一种解释。出乎意料，帕斯卡三角形的第六行出现了，它以含有 a 和 b 的幂的各项前面的那些系数的形式出现（这些数更为简洁，但也更令人反感地被称为"二项式系数"）。

▽

尽管数学中的许多内容都是放之四海而皆准的，但帕斯卡三角形这个名称却不尽然，这是因为在 17 世纪初，帕斯卡（Blaise Pascal，1623—1662）出生之前很久，世界上的许多地方就已有人研究过这个三角形了。在中国，帕斯卡三角形被称为杨辉三角形，这个名称来自研究过它的这位生活在 13 世纪的中国数学家。在伊朗，它被称为海亚姆三角形。而在意大利，它被称为塔尔塔利亚三角形。所有这些都提出了这样一个问题：我们究竟为什么要将它称为帕斯卡三角形？答案是，在 18 世纪初的某个时候，有一个名叫蒙马特（Pierre Raymond de Montmort）的人决定为了纪念帕斯卡而这样命名了这个三角形。以下是由这个三角形引出的一个相对较新的谜题：假设在构建出帕斯卡三角形的任意特定一行后，你计算出其中的奇数与偶数的个数之比。假如你反复这样做下去，这个比例会接近一个确定的极限。这个极限是什么？（请参见答案。）

▽

"两人成伴，三人不欢"这种说法对于各种情境都适用。举一个相对而言无伤大雅的例子来说，虽然许多游戏的设计初衷都是一对一的玩法（我们的脑海中很快就出现了国际象棋和双陆棋），并且虽然更多现代棋盘游戏可完美地由多位局中人一起玩（飞行棋、妙探寻凶、大富翁均属此列），但特地设计给3位玩家的棋盘游戏却非常少见。不过，有许多电视游戏的设计方式使之能适应3位参与者的情况，例如"危险边缘"和"幸运轮盘"这类坚定拥护者。而"让我们来做笔交易"等数学游戏常常让参赛者们在标有数字1、2、3的幕布之中做出选择，这一专题节目最终将主持人蒙蒂·霍尔（Monty Hall）卷入了一个数学悖论当中。

这个后来被称为蒙蒂·霍尔问题的问题，实际上早在1959年就作为"三囚犯问题"由马丁·加德纳（Martin Gardner，1914—2010）进行了系统的表述。在其现代形式中，"让我们来做笔交易"中的一位参赛者会选择三块幕布中的一块，并希望在这块幕布后面藏着一辆汽车——也有可能是一头山羊。让我们假设这位参赛者选择了编号为1的幕布。尽管在"让我们来做笔交易"这个节目本身中并非如此运作，但是在这个问题的设定中，霍尔随后掀开另两块幕布中的一块，并显示后面藏着的一头山羊。问题是，假设编号为2的幕布现在已被掀开（并且假定霍尔也没有捣鬼），那么将你原先的猜测从编号1改为编号3是否明智？还是说你应该维持原来的选择不变？

这个问题是萨万特（Marilyn Vos Savant）1990年在《大观》（Parade）杂志上提出的，收到读者来信数量之巨令人咋舌。数千位答题者完全不能接受她的论断，即参赛者事实上应该放弃选择编号为1的幕布，而改选编号为3的幕布。显然有许多卓越的数学家也加入了这场辩论——但似乎站在了错误的一边。

虽然认为换选幕布会增加你的获胜机会这种想法有悖直觉——毕竟霍尔所做的只不过是掀开了一块后面没有汽车的幕布，而你也早已知道存在着这样的一块幕布——但还是有一种方法能够识破这个悖论。关键是要注意到，霍尔的行动过程并没有改变编号为1的幕布后藏着汽车的可能性，其概率原来是三分之一，在他的行动之后仍然是三分之一。然而，现在既然编号为2的那块幕布完全被排除了，于是汽车藏在编号为3的幕布后面的可能性必定从 $\frac{1}{3}$ 上升到了 $\frac{2}{3}$。

▽

从一个等边三角形开始,移除其每条边的中间三分之一,作三个新的
等边三角形来代替那三条缺失的三分之一边,并将这个过程继续循环重复下去,这样就作出了一朵科赫雪花。随着迭代次数的增加,这朵雪花的周长会无限增长,但它的面积却永远不会超过初始三角形面积的

$\dfrac{8}{5}$。这种现象在真实世界中以海岸线的形式呈现出来。例如,阿拉斯加州的海岸线上布满了锯齿状的小凹凸,其全长达 8980 千米,几乎相当于美国本土其他 48 个州的海岸线总长(约 9741 千米)。

科赫雪花是分形的一例——分形是一种能够被分成与整体相仿的较小部分的形状。分形之父芒德布罗(Benoît Mandelbrot, 1924—2010)认为,海岸线的长度事实上是无限的,仅受制于你希望纳入的自然细节的量。具有分形特征的物体频繁地出现在自然界中,并且变化多端,诸如纵横交错的山脉、河流和蕨类植物等。

著名的三

丘吉尔、罗斯福和斯大林是雅尔塔"三巨头"。上一辈的"三巨头"则是凡尔赛的劳埃德·乔治、威尔逊和克列孟梭①。

在美国的商业贸易中,"三巨头"的意思可以是指美国广播公司、哥伦比亚广播公司和国家广播公司这三大电视网,也可以是指通用、福特和

———————————

① 第二次世界大战末期的 1945 年,美国总统罗斯福、英国首相丘吉尔和苏联人民委员会主席斯大林在苏联克里米亚举行雅尔塔会议,对第二次世界大战后的世界局势产生了深远影响。第一次世界大战结束后的 1919 年,英国首相劳埃德·乔治、美国总统威尔逊、法国总理克列孟梭在法国巴黎凡尔赛宫召开巴黎和会,签订了《凡尔赛和约》。——译注

克莱斯勒这三大汽车制造商。这一措辞以各种各样的形式在全世界各地被使用,从美国的大学(如哈佛、耶鲁和普林斯顿)到葡萄牙体育俱乐部(如本菲卡体育、波尔图足球和葡萄牙竞技这三大俱乐部)。

4　[2²]

4 这个数可按本章节标题所示,通过取 2 的 2 次幂获得,或者通过将两个 2 相乘获得,这两者可归结为同一种方式,或者也可以通过将两个 2 相加获得,而这也与前两种方式是一码事。

▽

将两个 2 结合起来构成 4 的过程在某种意义上来说是一条核心真理:在奥威尔(George Orwell, 1903—1950)的《一九八四》①中,真理部的温斯顿·史密斯(Winston Smith)宣称:"所谓自由,就是说二加二等于四的自由。如果此说在理,余者皆然。"陀思妥耶夫斯基②偏爱乘法路线,例如下面这段摘自他 1864 年的小说《地下室手记》(*Notes from Underground*)的文字:"天哪,先生们,当我们想到制表和算术时,当一切都是二二得四的情况时,那么会剩下何种类型的自由意志呢? 不需要我的意志,二乘二还是得四。仿佛自由意志意即如此!"

---

① 《一九八四》(*Nineteen Eighty-Four*)是一部著名的反乌托邦小说,出版于 1949 年。——译注
② 陀思妥耶夫斯基(Fyodor Dostoevsky, 1821—1881),俄国作家,重要作品有《白夜》《穷人》《罪与罚》《白痴》《卡拉马佐夫兄弟》等。——译注

尽管 $4 = 2 + 2 = 2 \times 2 = 2^2$ 这个等式如此奇妙，但它有时也会构成一些比较难以理解的模式。也就是说，考虑一个由两个元素构成的集合，我们将它表示为 $\{A, B\}$，它恰好有四个子集：$\{A\}$、$\{B\}$、$\{A, B\}$（即该集合本身）和 $\varnothing$（即空集）。不过，对于一个由 n 个元素所构成的集合，表示其子集个数的公式是什么呢？是 $2n$ 吗？或者可能是 n^2？有人赞同 2^n 吗？n^n 呢？在 $n = 2$ 的情况下，所有这些公式都成立。既然这里不是《悬疑剧场》，那就让我来揭晓谜底吧，正确答案是 2^n：这里发挥作用的是二元容斥原理之一——这 n 个元素中的每一个都要么在某一特定子集中，要么不在该子集中，而这两个选项彼此相乘 n 次，就得到了最终的结果 2^n。

▽

4（FOUR）是在表示数字的英语单词中，唯一含有字母的个数与其名称相同的。不过这里还有更多可说。你任意选择一个数，并数出其英文单词中的字母数，由此得到一个新的数。再数出这个新数中的字母数，如此反复。无论你开始时选择的是哪个数，最终你都会结束于 4。要证明这一点，事实上可能比你想象的要稍微容易一点。你愿意就此尝试一番吗？（请参见答案。）

▽

据称，自然界中存在四种基本力——引力、电磁相互作用力、弱相互作用力和强相互作用力，因此可以适当地将一大堆事物一分为四：

方向/方位	北	南	东	西
纸牌/花色	黑桃	红心	方块	梅花
管弦乐队/器乐组	铜管组	木管组	打击乐组	弦乐组
一年/季节	春	夏	秋	冬

你无疑还能想到几种你自己的四元组合，不过你也应该认识到，四个一组这一概念可追溯到毕达哥拉斯的追随者们，这些人被恰当地命名为

毕达哥拉斯学派的信徒。稍后我们会邂逅这个古怪的团体。不过目前，我们只需了解，他们显然早在公元前5世纪就意识到了下列分组：

数	1	2	3	4
大小	点	线	面	立体
要素	火	气	水	土
图形	四面体	八面体	二十面体	十二面体
生物	种子	长度增长	宽度增长	厚度增长
社会	人	村庄	城市	国家
才能	理性	知识	观点	感觉
季节	春	夏	秋	冬
生命阶段	婴儿期	青春期	成年期	老年期

▽

说到四元组合，毕达哥拉斯学派还有一个贡献——将数学分成四组。如下面这幅树形图：

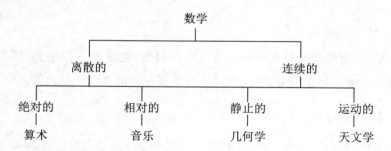

这棵树的根基是著名的中世纪四艺，即要想在中世纪获得学士学位必修的四门学科。

▽

法国数学家和诗人梅齐利亚克（Claude-Gaspar Bachet de Méziriac，

1581—1638)就 4 这个数作出过一个著名猜想。梅齐利亚克在证明了 1 到 120 之间的数都可以写成四个完全平方数之和后,猜想有可能每个正整数都可以写成这样的形式。(例如,$120 = 64 + 36 + 16 + 4 = 8^2 + 6^2 + 4^2 + 2^2$。请注意这一陈述的正确理解应为"四个或更少的"平方数,比如你可以将上面这个等式中的 $8^2 + 6^2$ 用 10^2 来替代。)

费马声称他证明了梅齐利亚克的猜想,不过按照他的一贯风格,他从未揭晓过该证明。直到 1770 年拉格朗日(Joseph-Louis Lagrange,1736—1813)发表了一种证明,这一猜想才得以解决。

$$\triangledown$$

四平方和定理被归类为存在性定理——虽然它证明了任何正整数都可以写成 4 个平方数之和,但却没有说明如何求出这四个数。例如,要想求得 $1718 = 49 + 144 + 625 + 900 = 7^2 + 12^2 + 25^2 + 30^2$,还是要稍做钻研的。而且这种表示方式也并不一定是唯一的:1718 还等于 $1600 + 81 + 36 + 1 = 40^2 + 9^2 + 6^2 + 1^2$。这些平方数也不必彼此不同——例如,得到 15 的唯一方式是通过 9 + 4 + 1 + 1。碰巧的是,15 这个数也无法用三个或更少的平方数来获得,而且事实上,那些正好需要四个平方数之和表达的整数是有可能识别出来的。

$$\triangledown$$

1852 年,一个名叫弗朗西斯·居特里(Francis Guthrie)的年轻人注意到,一幅英格兰各郡的地图可以只用四种颜色来填充——同时保持没有任何两个毗邻的郡(很可能指的是这里用灰色区域表示的 39 个历史古郡)被分配到相同颜色这一本质特征。居特里询问他的弟弟弗雷德里克·居特里(Frederick Guthrie),是否任何一幅地图都可以用这种方式来涂色。弗雷德里克·居特里随后就这一猜想与他的教授德摩根(Augustus de Morgan,1806—1871,如今以符号逻辑学中的德摩根规则而闻名)通信,战斗就此展开。

与费马大定理一样,四色定理(或称四色地图定理)在许多年中一直被称为一条定理,而不是一个猜想。经过一段艰辛的历程,以及相当多次失败的开端后,这条定理最终得到了证明——那是在 1977 年。

▽

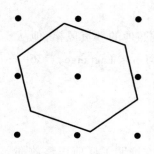

德国数学家闵可夫斯基(Hermann Minkowski,1864—1909)最出名的成就也许是在数论中引入了应用几何学来证明一些结论的技巧,而他本人在两个完全不同的方面与 4 这个数联系在一起。其中之一是四维概念,有时也被称为四维"时空"(普通的欧几里得三维空间——我们居住在其中的这类空间——再加上一个时间分量),其正式名称是闵可夫斯基空间。第二个方面可以利用左上边这幅图示来加以解释:

假设任意(行或列上)两个相邻点之间的距离是 1,关于这个六边形的面积,你能说些什么? 好吧,这块面积显然小于由这些点所界定的总面积,不过闵可夫斯基提出了一种更加严格定义的结论:任何对称的、面积为 4 的凸区域中,必定包含着一个以上的格点。这个结论被推广到 n 维,并且在 $n=4$ 的情况下,有可能构建出一个特殊的四维球,从中导出对于拉格朗日的四平方和定理的一种迅捷的证明!

▽

我并不是有意要用一个负面的评注来结束这一讨论,不过诚实迫使我承认,有些团体并不非常喜欢 4 这个数。在普通话、广东话和日语中,显然"四"和"死"这两个词的发音几乎完全一样,于是就对老年人造成了一种文化恐惧。

5 [素数]

恰好存在 5 种正多面体(也称为"柏拉图立体形")——这个名称指的是各个面都是全同多边形的三维形状。我们最熟悉的正多面体是立方体,它的各个面当然都是正方形。正多面体除了立方体以外,还有正四面体、正八面体、正二十面体(由 20 个等边三角形构成)和正十二面体(由 12 个正五边形构成)。

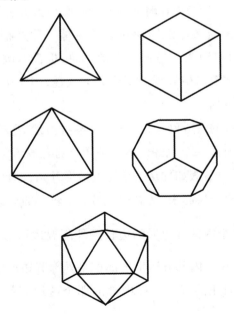

欧几里得在他的《几何原本》(约公元前 300 年)中提出,只可能存在这五种正多面体,其证明显然应归功于特埃特图斯(参见关于 2 的章节)。不过,根据下面这张照片来判断,其中至少有几种正多面体远早于那之前就已经为人们所知了。这张照片中显示的是据信可追溯到约公元前 2000 年的几块经过雕刻成形的苏格兰石块。

世界最大办公楼的形状是一个五边形,而其名字也是根据这个形状而起的。位于弗吉尼亚州阿灵顿的五角大楼不仅在外形上具有五个侧面,而且是由五个同心的五边形构成,其内部还有一个占地五英亩(约 2 万平方米)的中庭。最初设计时认为其形状必须为五边形的原因,与这幢建筑的原选址轮廓有关。但即使在富兰克林·罗斯福(Franklin Delano Roosevelt,1882—1945)为它另选一个地点时,也没有改变它的形状。罗斯福显然对于其建筑风格表现出了极大的兴趣,因其史无前例而对它的五边形形状赞赏有加。

根据五角大楼的官方网址,这座建筑本身占地 29 英亩(约 11.74 万平方米),这就得出了一个也许根本不是巧合的有趣巧合。这个巧合起始于这样一个观察结果:假如你从一个正五边形开始,你总是能将其各顶点通过如下页图形式连接起来,从而作出另一个较小的五边形:

可以证明,这个内部五边形的边长是外部五边形边长的 $\dfrac{(\sqrt{5}-1)^2}{4}$ 即 0.38 倍,而这就意味着内部五边形的面积是外部五边形面积的 $(0.38)^2 =$ 0.145 倍。现在,真正的五角大楼内部的那个占地五英亩的中庭与此不

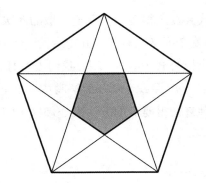

同的地方在于,它与建筑本身的朝向是相同的,而不是如上图中那样朝向相反。然而,它们的真实相对面积为 $\dfrac{5}{(5+29)} = \dfrac{5}{34} = 0.147$,这就意味着这两个真实的嵌套五边形本质上所遵循的比例,与我们刚才所画的那幅图示是差不多的。

▽

在瑜伽练习中,人类的身体常常被视为一个五边形,其各顶点由头、双臂和双腿所界定。诸如三角式这样的一些体式中包含着五条能量线。5 这个数在一些不那么令人振奋的人类活动中也发挥着作用,尤其值得注意的是 19 世纪的瑞士精神病学家库布勒-罗斯(Elizabeth Kubler-Ross)所提出的悲伤的 5 个阶段:(1)否认和孤立;(2)愤怒;(3)讨价还价;(4)沮丧;(5)接受。

▽

假如你由于小时候的学习或者读过关于 2 的那一章节中的讨论,还记得二次方程求根公式的话,那么你就会知道,一个形为 $ax^2 + bx + c = 0$ 的方程具有一个(或两个)显式解,即 $x = \dfrac{(-b \pm \sqrt{b^2 - 4ac})}{2a}$。这里的要点是,正如你所预期的那样,答案 x 是由系数 a、b、c 确定的。而且对于一般的三次方程也存在着一个利用根式(立方根)写出的求根公式,尽管它比二次方程求根公式要复杂得多。甚至连一般的四次方程也存在着一个求根公式，尽管它的复杂度又上升了好几个台阶。不过，含有五次幂的方程就不存在这样的求根公式了。换言之，我们没有任何办法利用根式来将方程 $ax^5 + bx^4 + cx^3 + dx^2 + ex + f = 0$ 的解写成 a、b、c、d、e、f 这些数的一个函数。甚至用一种复杂得要命的方法来处理这个问题都不可能。你就是根本无法做到这一点。

▽

一元五次方程的不可解性也许是从以法国人伽罗瓦（Évariste Galois，1811—1832）的名字命名的伽罗瓦理论中所涌现出来的最为卓越的结论。看一眼伽罗瓦的生卒年份就会使我们联想起他的早慧，以及假如他没有在这么年轻时就卷入一场决斗的话，可能会取得何种成就。他最后的研究工作直到 1846 年才得以完整发表，那时距他去世已经过去了 14 年。〔挪威数学家阿贝尔（Niels Henrik Abel，1802—1829）于 1823 年完成了证明五次方程利用根式不可解性的第一个证明。阿贝尔受到了一种不同的诅咒，他在 26 岁那年死于肺结核。〕

▽

5 还在一种完全不同的情况下充当着极限的作用：

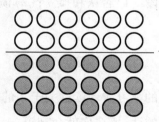

在上图中，各枚跳棋棋子都被放置在横线下方，而横线上方的都是空位。假设你能按照实际跳棋游戏中那样，将这些棋子跳过其他棋子，从而前进到横线上方，那么你就可以轻易看出，只需要两枚棋子、移动一步，就可以将一枚棋子移动到横线上方的第一排，如下页图所示：

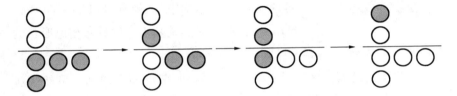

　　而且假如你最初有 4 枚棋子的话,你还可以按照如下分三步走的序列,将其中一枚移动到第二排:

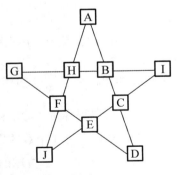

　　我们稍加试验就会发现,只需要 8 枚棋子就足以抵达第三排。假如你已经注意到了到现在为止的规律(要抵达第 n 排,对于 $n = 1, 2, 3$ 的情况,需要 2^n 枚棋子),那么你也许会猜想,要抵达第 4 排会需要 16 枚棋子,但实际上你需要 20 枚棋子。真正令人惊奇的是第 5 排。无论你一开始有多少枚棋子,都永远不可能将棋子移达第五排。这个结论应归功于康韦(John Conway,1937—2020),他当时还在剑桥大学,后来去了普林斯顿大学。

▽

　　谈到不可能性,我们正好可以介绍一下幻五角星,它基本上就是一个星形。一个标准的五角星有 10 个顶点,图中的每个顶点上都有一个字母。假如你能将每个字母都用一个 1 到 10 之间的不同数来代替,从而使沿着五条直线的各数相加之和都相同,那么它就会富于美感。不过,正如特里格(Charles Trigg)在 1960 年首先证明的,这件事不可能办到。

当你听说奥运五环代表全世界的五个区域时，很容易会颔首称是，然而世界上共有七大洲，而不是五大洲，而且其中只有一个大洲（南极洲）不出席奥林匹克运动会。不过，这一设计是现代奥林匹克的创始人顾拜旦（Pierre de Coubertin）的创意，显然是基于一件具有相似形状的古希腊手工艺品。

世界上的这五个区域是亚洲、非洲、欧洲、美洲和大洋洲。虽然这些环的颜色——蓝、黑、黄、绿、红——并不在一对一的意义上与这些区域对应，但是这五种颜色在全世界每个国家的国旗上都有出现。虽然当时大洋洲没有奥运会参赛队，不过假如我没有提到自然界中最奇妙的两个五角星，那就是我疏忽大意了：左上方图中的海胆，还有海星。五重径向对称是所有棘皮动物（包括海星在内的一类海洋生物）的一个特征。

▽

说到星形，我的朋友、美国阿默斯特学院的斯塔尔（Norton Starr）提醒我说，5 这个数还有最后一种我想要传达的作为极限出现的情况。考虑一个半径为 1 的圆，行话叫作单位圆。由于圆的面积公式为 $A = \pi r^2$，因此单位圆的面积就是 π。在三维的情况下，一个球的体积为 $\left(\dfrac{4}{3}\right)\pi r^3$，因此单位球的体积就是 $\dfrac{4\pi}{3}$。虽然在 $n > 3$ 时，不可能画出一个 n 维单位球，但是其概念可以很容易地写出：正如单位圆就是集合 $\{x : x^2 \leqslant 1\}$，n 维单位球的一般形式就是有 n 个数的集合 $\{x_1, x_2, \cdots, x_n\}$，从而使 $x_1^2 + \cdots + x_n^2 \leqslant 1$。

直觉告诉我们，单位球的大小会不断增长，正如单位盒子那样——只要联邦快递有十维的盒子，那么所有包裹总能轻而易举地找到一个足够大的盒子来装下。不过这里的关键还不仅仅是这个 n 维单位球的体积并

不随着 n 变大而持续增大。真正令人惊奇的是,这个体积在 $n=5$ 时就达到了其最大值,并在此后持续减小。事实上,当 n 趋向于无穷大时,它的体积就趋近于零。

6 [2×3,1+2+3,1×2×3]

6 是第三个三角形数,美国蓝色天使飞行队的三角形编队形式就能表明这一点。

▽

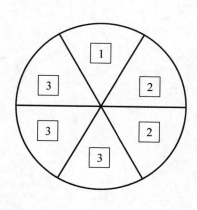

6 也是第一个完全数。完全数是指等于其各真因数之和的数。在本例中,6 = 1+2+3,或者如左图所示,$\frac{1}{6}+\frac{2}{6}+\frac{3}{6}=1$。完全数是相当稀少的,28 是下一个,再接下去是 496。迄今为止已确认的这类数还不到 50 个。

在海上,6 英尺(约 1.83 米)这个深度被称为一英寻(fathom,源自古英语中的"*faethm*",意思是向外伸展的双臂)。英寻很可能与"海葬"的表达方式"deep six"(字面意思为"深深的六")相关,比如在扔出船外的这种说法中。在陆地上,6 英尺深度是传统上埋葬棺材的位置,比如在"six feet under"(字面意思为"6 英尺之下")这种说法中。

▽

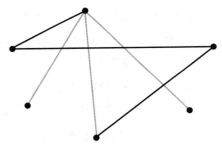

在平面上画出 6 个点(如右图所示),并开始用黑色线段或灰色线段将这些点两两相连。当每一对点都以这种方式连起来时,至少会出现一个要么全灰要么全黑的三角形。

请注意,6 这个数的作用是至关重要的。假如你只有五个点的话,那么就不能确保会出现单色三角形:例如,从一个正五边形开始,你可以将周界的线段都画成灰色,而将内部各对角线画成黑色。

上述结果的证明只需要简单的算术知识就够了。首先选择这六个点中的任意一点。考虑从该点出发的五根线段。由于只有两种颜色,因此这些线段中至少有三根必定同色,比如说它们都是灰色。(比如说图中从最上面那个点出发的三根灰色线段。)现在来观察这些线段另一端的那几个点。假如将这些点中的任意两点之间用灰色线段相连,那么这根线段就会构成一个灰色三角形。倘若不是这样的话,那么它们就全都必须是黑色的,于是就构成了一个黑色三角形。

假如这个证明把你难倒了,那也不用担心。早在 1953 年,在针对主修数学专业学生举办的年度竞赛——威廉·洛厄尔·帕特南数学竞赛上,就有一道与此相当的题目。当时,这个问题的确切表述是"证明在任何由 6 个人构成的群体中,要么有 3 个人互为朋友,要么有 3 个人互为陌生人"。请注意,这道题目就等价于上文中的黑灰表述——譬如说,一根连接两点的黑色线段可以用来代表两人之间是朋友关系。

▽

谈到人际关系,现在很流行的"六度分隔"(six degrees of separation)背后的理念是,地球上任意两个人之间都可以通过一条不超过六个环节的共同朋友链而联系起来。这个概念可追溯到 1929 年的匈牙利作家考林蒂(Frigyes Karinthy)的一部短篇小说《链》(*Chains*),而且也并不像它听起来那么荒谬反常:每一个新的人际关系环节都会开发出大量新的联系,进而创造出一种指数式的增长。

社会心理学家米尔格拉姆(Stanley Milgram)在 1967 年做了一个著名的实验,对考林蒂的概念加以检验。在实验过程中,为随机选取的一些美国中西部居民每人分发一个包裹,让他们将这个包裹寄到美国东部马萨诸塞州的剑桥市,而给他们的信息只有预定接收者的姓名、职业和粗略位置。由于不能使用搜索引擎,唯一可用的策略只能是在他们认识的人当中找出他们认为最有可能使他们接近目标的人,不管此人是谁,都将由他转寄这个包裹,并这样链式地环环转寄。并非所有包裹都投递到位,但确实,那些投递到位的包裹所经过的中间人个数的中值只有五人。

"小世界"概念随着瓜尔(John Guare)1990 年编写的戏剧《六度分隔》(*Six Degrees of Separation*)而发展成熟,随后是 1993 年由钱宁(Stockard Channing)、史密斯(Will Smith)和萨瑟兰(Donald Sutherland)领衔主演的同名电影(中文名为《六度分离》)。后来互联网上又出现了若干新招,其中就包括各种对米尔格拉姆实验的更新,最令人难忘的是一个被称为"与凯文·贝肯的六度分隔"的游戏。

贝肯数	男/女演员人数
0	1
1	1879
2	158 022
3	447 500
4	109 360
5	8178
6	863
7	93
8	13

不仅贝肯的全名完美悦耳地契合这个实验,而且由于他出演过那么多部众所周知的电影,因此大多数男女演员都可以通过三个或更少的环节就追溯到与他的联系,其中"0"这个环节就是贝肯本人,"1"由1879位与贝肯共同出演过一部电影的演员(到2004年为止)构成,以此类推。前一段中提到的那三位好莱坞明星所具有的"贝肯数"分别为2、2、1。萨瑟兰在《刺杀肯尼迪》(*JFK*)中扮演与贝肯对立的角色。在一个由800 000位演员构成的数据库中,平均贝肯数低到令人震惊的2.95。

当然,一旦可以利用电影数据库来证明贝肯在好莱坞世界中处在多么中心的地位,那么同样的这些数据库也就能揭示出千余位处于更加中心地位的演员。结果证明,所有演员中处于最中心地位的是奥斯卡金像奖得主斯泰格尔(Rod Steiger)——他与整个数据库发生联系的平均值只有2.67个环节。

事实上,在高等数学领域中也存在着一个与贝肯数类似的数。任何人如果曾经与多产的匈牙利数学家埃尔德什(Paul Erdös,1913—1996)合写过一篇论文,那么就说他所具有的埃尔德什数为1,沿着这样的环节以此类推。与贝肯数的情况一样,几乎所有数学家都有一个埃尔德什数,并且几乎在所有情况下此数都是个位数。

你在数学界—文艺界所取得的终极成就是由一个低的埃尔德什-贝

肯数所表征的。这个数是将你的埃尔德什数和贝肯数相加所得的和,就好像它们是一场花样滑冰比赛中的分解动作评分一样(或者与此类似的事情)。在电视剧《纯真年代》(*The Wonder Years*)中饰演温妮(Winnie)的女演员麦凯拉(Danica McKellar)还拥有一个加州大学洛杉矶分校的数学学位,她的埃尔德什-贝肯数只有 4 + 2 = 6。不过,麻省理工学院的教授克莱特曼(Daniel Kleitman)与埃尔德什合写过一篇论文,而且在《心灵捕手》(*Good Will Hunting*)中出过镜,这就使他的埃尔德什-贝肯数只有 3。

▽

伟大的法国数学家勒让德(Adrien-Marie Legendre,1752—1833)除了那些重要贡献之外,还开发出了"méthode des moindres carrés"(在用英语教学的各统计学课程中被称为线性回归/曲线拟合的"least squares meth-od",即"最小二乘法")。他犯了一个罕见的大错:声称 6 不能表示成两个有理数的立方和。(显而易见,这样一个立方和是不可能用两个整数来实现的,而假如允许出现无理数的话,你就会有一些平凡解,例如 1 加上 5 的立方根。)当 19 世纪末、20 世纪初的英国谜题大师杜德尼(Henry Dudeney)惊喜地发现了这个并没有那么复杂的反例 $6 = \left(\frac{17}{21}\right)^3 + \left(\frac{37}{21}\right)^3$ 时,勒让德已不在人世了。

▽

假设你有一幅地图,上面有一堆表示城镇的点,然后你画上一些线段,将图上的每个点与它最靠近的那个点连接起来。假如你听说从任何一个城镇画出的线段都不会超过六条,也许会感到惊奇不已。

尽管这一断言听起来不那么显而易见,但其证明却出奇地容易,仅取决于 $\frac{360}{6} = 60$ 这个简单的事实。请注意观看。

比如,假设从斯普林菲尔德画出的线段多于六条。那么,由于 $\frac{360}{7} <$

60，因此这些线段中必定会有两条以小于 60 度的角相交，如下图所示：

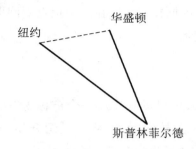

现在你就得到了一个三角形，它在斯普林菲尔德顶点处的那个角小于 60 度。不过如果事实如此的话，那么在该三角形其余两个角之中，就至少有一个角大于 60 度，这是因为一个三角形的三个角之和总是等于 180 度。特别地，这样纽约与华盛顿之间的距离就必定会小于纽约与斯普林菲尔德之间的距离或华盛顿与斯普林菲尔德之间的距离。（在上图中则同时小于这两个距离。）但是假如纽约和华盛顿是这三座城市中距离最近的，它们之间就应该有一根线段连接，而其他线段从一开始就不应该存在。现在证明就完成了。

▽

与上述讨论有关联的是六边形在二维铺陈中所起的独特作用。即使我们从未听说过六边形铺陈这个术语，但实际上我们对它是相当熟悉的，因为它就是细铁丝网、蜂巢和老式浴室瓷砖的构形。

▽

不过，任何边数多于六的正多边形都不可能铺陈平面。（边数少于六的那些正多边形中，等边三角形和正方形很容易铺陈平面，而正五边形则不行。）人们发现，铺陈的关键就在于正多边形的内角。等边三角形、正方形和正六边形的内角分别为 60 度、90 度和 120 度，而这些数都可以均分 360。不过，任何边数超过 6 条的多边形都会产生一个大于 120 度的角，而在这一范围中，360 唯一的真因数只有 180，而这是一条直线的角度大小,而不是一个形状。(此外只有一种情况,那就是正五边形,它的各内角大小为 108 度。而此时同样不可能在一个顶点周围形成一组这样的角,于是就只能说你不走运了。)

▽

两个等边三角形,可以恰好拼成一个被称为"大卫之星"的六角星形。这个形状正是犹太教的标志,从中世纪开始一直沿用至今,并自 1948 年以色列建国以来就出现在它的国旗之上。

▽

在数学中,大卫之星定理指出了帕斯卡三角形(参见关于 3 的章节)内部的某些关系。这条可能最容易描述的定理开始如下:如下图所示,用一个倾斜的大卫之星包围帕斯卡三角形中的某个数。

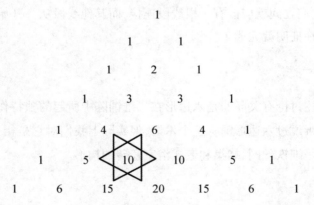

再使得这两个三角形都指向 3 个不同的数。在这里,一个三角形指向 5、6、20 这三个数,它们的乘积为 600;另一个三角形指向 4、10、15 这三个数,它们的乘积也是 600。

是的,这当然始终成立。这就是它成为一条定理的原因。当你沿着帕斯卡三角形继续下行到更远处时,这些结果看起来会越发引人注目。

$$\triangledown$$

　　所有人都知道雪花是六边形的,不过第一个反复思考这一主题的人是开普勒(Johannes Kepler,1571—1630)。相传 1611 年,当开普勒跨过伏尔塔瓦河上的一座桥时,有一片雪花飘落在他的大衣上,于是他决定写一篇关于雪花的论文,以此作为礼物献给他的赞助人。开普勒的观点是,自然界中存在着大量的六,从花瓣、蜂巢到雪花,它们都源自那些与六边形堆砌相关的深层的结构原理——他将这些原理称为"*facultas formatrix*"。开普勒显然是一个喜欢说双关语的人,因为他的这篇论文是用拉丁语撰写的,而拉丁语中表示雪花的单词是 *nix*。这个单词在他的母语低地德语中却又是"一无所有"的意思。开普勒是皇家天文学家,由于皇帝鲁道夫二世(Emperor Rudolph Ⅱ)为人吝啬,造成他长期缺乏经费,这就促使他撰写了这篇不花分文的论文。

6

35

7 [素数]

与我们到现在为止所看到的任何一个数相比，7 这个数是不太容易处理的，因为关于 7 的算术规律没有明显特征。这一特性事实上使 7 对于神经科学家们有所帮助：判别是否痴呆的基本测试之一是让患者从 100 开始相继减去 7。所得的序列为 100、93、86、79、72，…，这显然比例如用 5 进行测试难度更大。

▽

7 所产生的一种很好的模式是 5 无法匹敌的，那就是分数 $\frac{1}{7} = 0.\dot{1}42\,85\dot{7}$。

仔细分析将这个数的循环节乘以 2、3、…、7 所得的下面这张乘法表：

142 857 ×

2	285 714
3	428 571
4	571 428
5	714 285
6	857 142
7	999 999

142 857 这个数被称为一个循环数,因为你可以按照如下方式得到下一个倍数:以它的另一位数字开头,并将各位数字在保持相同顺序的情况下环绕过来。这一魔法的关键就在于,$\frac{1}{7}$ 的十进制展开的循环部分有六位数字。下一个具有这一特性的分数是 $\frac{1}{17}$,其值等于 $0.\dot{0}58\ 823\ 529\ 411\ 764\ \dot{7}$。(请注意现在的循环部分有 16 位数字。)一般而言,假如分数 $\frac{1}{p}$ 的小数位展开具有长度为 $(p-1)$ 的循环序列,那么这一序列就构成了一个循环数。

$\triangledown$

柯尼斯堡七桥问题是欧拉研究过的一个拓扑学问题(事实上有可能是第一个拓扑学问题)。相传欧拉本人在古老的普鲁士小镇柯尼斯堡(现在已成为俄罗斯的一部分,并在 1946 年被重新命名为加里宁格勒)的 7 座桥上溜达。这些桥将被河流分隔开的小镇的各部分连接了起来,而当时的问题是,在不走老路的情况下,是否会有可能将这 7 座桥全都穿行一遍?

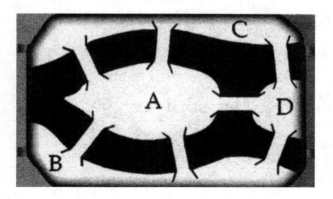

欧拉最终意识到,这样的穿行是不可能做到的。通过画出一幅仅包含这些桥的节点结构的图,就可以简化这个问题的分析过程。走遍所有桥的一条欧拉路径是不可能实现的,原因就在于这些桥的节点结构,也就是通往和离开 A、B、C、D 各点的路径数量。

事实证明,只有在恰好存在两个或零个奇数度的节点时,才有可能实现一条欧拉路径。然而在柯尼斯堡，所有的节点都是奇数度的——A区域为5,另外三个区域为3。正如欧拉漫步通过柯尼斯堡具有数学上的重要意义，柯尼斯堡居民康德(Immanuel Kant,1724—1804)的日常行走也以另一种方式令人难忘。据说康德在镇上各处出现的时刻如此精确,以至于当地人都学会了根据他来对准手表。

▽

七个著名的七						
七大洲	一周中七天	古罗马七丘	古代世界七大奇迹	现代世界七大奇迹	光谱中的七色	七宗罪
亚洲	星期日	阿文丁山	吉萨大金字塔	帝国大厦	红	色欲
欧洲	星期一	西莲山	巴比伦的空中花园	伊泰普大坝	黄	暴食
非洲	星期二	卡匹托尔山	以弗所的阿尔忒弥斯神庙	加拿大国家电视塔	蓝	贪婪
大洋洲	星期三	埃斯奎林山	奥林匹亚的宙斯巨像	巴拿马运河	绿	懒惰
北美洲	星期四	帕拉丁山	哈利卡纳苏斯的摩索拉斯陵墓	英法海底隧道	靛	愤怒
南美洲	星期五	奎里纳勒山	罗德岛的太阳神巨像	三角洲工程	紫	嫉妒
南极洲	星期六	维米纳尔山	亚历山大法洛斯岛灯塔	金门大桥	橙	傲慢

▽

普通骰子上相对两面的点数相加必定等于7。在纸牌游戏中,人们普遍相信经过连续7次洗牌,结果就会得到一副完全随机排列的牌。

▽

　　装饰带设计的特征是将单一图案沿着一个方向不断复制。我们常常在壁纸的边缘处看到装饰带，或者也可能看到它们作为一座古老建筑物的华丽建筑装饰的一部分出现。尽管我们大家都见过许多装饰带的实例，但装饰带（frieze）这个词本身却并不普遍为人们所知，而人们更加不清楚的还有这样一个事实：一条装饰带能够具备的，本质上只有 7 种不同类型的对称。普林斯顿大学的康韦引入足印来作为一种区分这 7 种"单向"对称的手段，我们会在下面的列表中遵循他的这种做法：

　　1. 单脚跳（一种简单的平移对称）

　　2. 迈步（平移对称和滑行反射对称）

　　3. 侧身横走（平移对称和纵向反射对称）

　　4. 旋转单脚跳（平移对称和半周旋转对称）

　　5. 旋转侧身横走（平移对称、滑行反射对称和半周旋转对称）

6. 双脚跳（平移对称和横向反射对称）

7. 旋转双脚跳（平移对称、横向反射、纵向反射对称和旋转对称）

▽

下方的两幅图阐明了"七圆定理"。假如你从一个圆开始，然后按图画出与该圆相切的 6 个圆，这样就得到了 6 个切点。令人称奇的是，可以将这 6 个点两两组合从而分成 3 对，而在其中某种组合下，假如你将这 3 对点都各自用线段相连，结果所得的 3 条线段将相交于一点。无论这些圆如何布局，这条定理都成立。

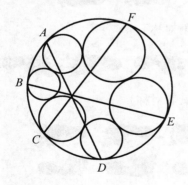
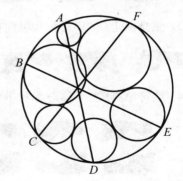

▽

从一个三角形（如下页图所示）开始，将其各边延长到原来长度的 2 倍。结果得到的新三角形面积恰好等于开始那个三角形面积的 7 倍。这是因为假如你将一个三角形的任一顶点与其对边中点相连，就作出了 2

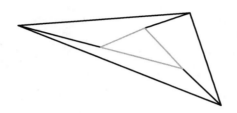

个面积相等的三角形。在这个图中另外添画几条线段,我们就能作出 7
个三角形,而它们的面积全都相等,这就相当于用另一种方式证明了中间
那个三角形面积等于大三角形面积的七分之一。

▽

最后,右图被称为"七段显示"。它的名字并非众
所周知,不过这是用于显示从 0 到 9 这十个数字以及
A、b、C、d、E、F 这几个字母的一种标准手段。请注意
其中 b 和 d 是小写形式,这是因为无法将它们的大写
形式分别与 8 和 0 区分开来。七段显示常常被斜置,
这有助于提高可读性,不过它在这种形式下的全形是
数字 8,而这就是我们的下一个主题。

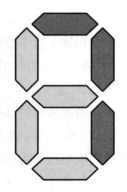

8   [2^3]

出现 8 这个数的许多场合都是基于它是 2 的幂这样一个事实。例如,将一个立方体沿着其三条轴对半切开,就会产生八个较小的立方体。不过,8 也出现在一个完全不同的表述形式中。

考虑常见的、以繁殖能力强著称的兔子。让我们以一对兔子为开端,它们一雌一雄。生殖基本法则是:(1)任何一对兔子在一个月之后都开始具有生殖能力;(2)这对兔子在一个月之后生育另一对兔子,此后每个月都如此。可以这么说,只要这些兔子不死,那么它们代代繁育的形式如下:

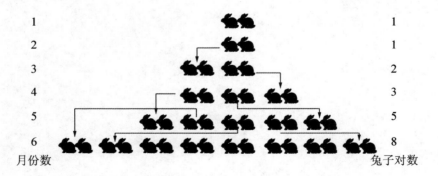

最右边一列中的这些数就构成了著名的斐波那契数列(Fibonacci sequence),这个名字来自比萨的莱昂纳多(Leonardo of Pisa, 约 1175—

1250），又名斐波那契。他显然是西方世界研究这个数列的第一人。人们认为兔子这个比喻也是他首创的。事实证明，斐波那契数列还具有其他许多种解释（每次走一级或走两级从而登上 n 级楼梯的方式数；用 2×1 骨牌铺满一个 $2 \times n$ 棋盘的方式数，等等），不过我们并不需要这些解释，甚至也不需要错综复杂的兔子比喻，就可以将斐波那契数列继续下去，因为我们一眼就能看出，这个数列中的任何一个数都是排列在它前面的两个数之和。（用数学术语来说，这是递归定义数列的一例。）

　　假如你对于维持斐波那契数列所造成的兔子近亲交配感到不安的话，那就考虑下面这个某种意义上的悖论。当我们浏览家谱图时，通过我们的 2 位父母、4 位祖父母甚至 8 位曾祖父母，我们会预测在所有这些人之前的那一辈会有 32 个人并以此类推。但是你不大可能将你的先辈数量不断加倍，不是吗？如今在世的人数比几世纪前更多，而不是更少。特别是，假如你发现斐波那契本人生活在 30 辈人之前，就会发现我们根本不可能有 2^{30}（超过十亿）位祖先生活在那个时候，因为那时整个地球上都没有这么多人。这里发生了什么？由此得出的必然结论是，在这 2^{30} 位祖先中一定存在着大量重合，因此也就存在着近亲交配。好吧，这也许不像我们的兔子模型那样令人反感，但比原来所想到的更有点令人不舒服了。

　　到现在为止，你一定已经注意到了，8 既是一个斐波那契数，又是一个完全立方数。事实上，8 是斐波那契数列中的最后一个立方数，此外就只有一个 1。不仅如此，8 是斐波那契数列中有一个素数（也就是 7）与之相邻的最大数。（在你读完本书之前，还会遇到更多的斐波那契数，你可以检验所有这些数的相邻数，以证实的确没有出现任何一个素数。）

▽

　　在美国，自 20 世纪 20 年代以来的官方停车标志一直是一个八边形，这样做的想法是，汽车司机即使从反面看，也能认出它与众不同的形状。大多数英语国家都使用与此相同的造型。

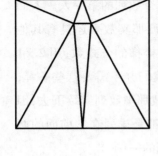

▽

8 这个数的几何学意义远远超过了八边形的范围。例如,一个正方形可以被再分为 8 个锐角三角形(三个角都小于 90 度的三角形),如左图所示。用 7 个三角形就不能满足所需。

▽

说到正方形和 8 这个数,假如你在一个正方形内部放入一个不对称图形,那么你就可以通过旋转和镜像对称作出恰好 8 个不同的图像,如下图所示。(将左上方的那个图形顺时针旋转 90 度、180 度、270 度,就得到了它右边的三个图形;而将上面一排图形上下镜像对称操作,就得到了下面一排。)用数学术语来说,就是用八阶二面体群(dihedral group)作用在这个图形上。一般而言,与 n 边正多边形相关的二面体群的阶数为 $2n$。

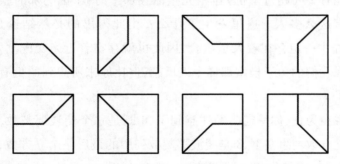

▽

人们普遍认为,经过 7 次洗牌能使 52 张纸牌随机排列,然而经过 8 次完美洗牌,就会使一副 52 张的牌回归初始顺序。

▽

蜘蛛有 8 条腿,而且通常有 8 只眼睛。不过 8 条腿这一条则是区分它们与昆虫不同的要素。

▽

　　一个八边形(octagon)有 8 条边,而一只章鱼(octopus)有 8 条腿,那么"October"这个单词当然就应该是每年的第八个月了。不,稍等片刻,这是不对的。"October"表示的是第十个月。这里发生了什么?答案在于,"October"在罗马历法中确实是表示第八个月的,但后来一月和二月得到官方命名,占据了原来没有月份的冬季时段。

▽

　　在赛艇运动中,"八"通常指的是全体船员共 8 人(不包括舵手),但是 8 这个数也出现在其他许多不同的运动中。

　　例如,跑道和泳池通常都有 8 条道。(在这两种情况下,各跑道或泳道建成后都不会是完全同等的,有些位置比其他位置更有利,这是众所周知的。)

　　中间的几条泳道是美国运动员菲尔普斯(Michael Phelps)熟悉的领域,因为他在 2008 年夏季奥运会上横扫 8 枚金牌而创下纪录。这届奥运会的开幕时间当然是 2008 年 8 月 8 日,与中国数字命理学中长期以来对 8 这个数的尊崇相一致。

　　"八字形"(figure eight)通常与花样滑冰(figure skating)联系在一起,参赛选手以前必须用冰刀沿着许多不同的图形滑行,而八字形就是其中之一。这些所谓规定图形的最后一次采用,很恰当地出现在 1988 年的冬季奥运会上。下一年,8 这个数就以一种相当古怪的形式登场了。在 1989 年的环法自行车赛上,美国人莱蒙德(Greg Lemond)在最后一天的计时赛中后来居上,以领先 8 秒的总成绩赢得了这场赛事。此后大家就能看到亚军菲尼翁(Laurent Fignon)精疲力竭而满怀疑惑地躺倒在地。他的自行车轮子躺在他的身边,构成了一个完美的 8 字形。

▽

　　用 2 个圆圈来表示数字 8 这种想法在高尔夫球中最为出名,从而产

生了用"雪人"这个富于色彩的术语来表示在某一个特定的洞打出 8
杆——但这并不比三柏忌更好①。

---

① 高尔夫球中用"雪人"来表示 8 是由于两者形状相似。高尔夫球场共有 18 个洞，
分成三杆洞、四杆洞和五杆洞，这些杆数被称为"标准杆"。低于或高于标准杆不
同杆数都有各自的名称，其中高于标准杆三杆被称为"三柏忌"（three bo-
gey）。——译注

9 [3^2]

9 = 3^2 是 8 = 2^3 的一个很好的后续等式,而且也是独一无二的。你再也找不到另两个相邻数都是完全幂数的情况,更不用说两个完全幂数还具有像 2^3 和 3^2 这样完美的对称性。

▽

在美国的体育运动中,"九"是一种棒球队形,而且这个数渗透于这种比赛的整个过程之中。例如,当使用一种正式的积分卡来记录一场比赛时,为每位防守队员指定一个从 1(投手)到 9(右外野手)的数字。在任一特定半局中有三次出局,并且设定三振造成一次出局,因此一个半局就有可能仅由九振构成(在美国职业棒球大联盟的历史上,这一非凡成绩出现过 40 多次)。此外,假如一支球队在一场比赛中没有出场,那么这场比赛就作废,获胜方在正式比分中所获的得分数就等于一场比赛中的局数,这个数也等于九。事实就是这样。在一场大联盟棒球赛中,一方未出场的情况以 9:0 的比分记录在案。

▽

对于将 9 描述为 3 的平方,我们最熟悉的情况之一来自另一种不同的比赛"井字棋"(tic-tac-toe),也称为"圈圈叉叉"(noughts and crosses)。

井字棋当然是一种非常简单的游戏。除非你以前从未见过这种游戏,否则的话无论你与谁对阵,也无论你与什么对阵,你都会毫无困难地实现平局。2002 年,那只名叫金杰(Ginger)的会下井字棋的鸡来到拉斯维加斯时可谓红极一时,因为它看上去已在大西洋城的特洛皮卡那酒店下了 9 个月井字棋而只输了 5 次。

▽

将 9 表示为三个 3 的另一种不同表述来自"九贤者",这是中世纪时定名的一群历史/传奇人物。这些贤者为以下各位:

无宗教信仰者	犹太教徒	基督教徒
赫克托 (Hector)	约书亚 (Joshua)	亚瑟王 (King Arthur)
亚历山大大帝 (Alexander the Great)	大卫 (David)	查理曼大帝 (Charlemagne)
凯撒 (Julius Caesar)	马加比 (Judas Maccabeus)	布永的戈弗雷 (Godfrey of Bouillon)

据称这九位贤者合在一起,就代表了一位完美勇士的所有方面。

▽

在 9 这个数的那些最重要性质之中,有一些的根源就在于它仅比十进制的基数 10 小 1。这些性质中最著名的一条可能是判定一个数是否能被 9 整除:只要将这个数的各位数字相加,如果所得的和能被 9 整除,那么原数也就能被 9 整除。

例如,假如你将 176 328 这个数的各位数字相加,你就得到 1 + 7 + 6 + 3 + 2 + 8 = 27。由于 27 能被 9 整除(你可以重复这一过程从而得到 2 + 7 = 9,而 9 当然能被 9 整除),因此 176 328 也就能被 9 整除。

▽

利用"舍九法"来检验你的计算是否正确的技巧也基于一种与上述

类似的想法。假设你刚刚进行了以下加法计算：

$$
\begin{array}{r}
1428 \\
+5837 \\
\hline
7255
\end{array}
$$

假如你将 1428 的各位数字相加，并"舍九"，就会剩下 $1+4+2+8-9=6$。（用数学术语来说，6 是 1428 的"数字根"。）假如你对 5837 进行同样的操作，那么你得到的是 5。而假如你将 6 和 5 相加，再舍掉最后一个九，就会得到 2。假如你刚才的加法计算是正确的，那么将所得的和 7255 的各位数字相加并舍九，应该会得到同样的结果 2。很不幸，这里的情况却并非如此，这是因为 $7+2+5+5-9-9=1$。有什么地方出错了？在对原来的题目进行复核以后，我们就发现在十位数的那一列上犯了一个错，没有将个位 $8+7=15$ 中的 1 进位到此列。答案应该是 7265。

请注意，"舍九法"并不能保证你原来的计算是正确的。不过，假如你原先算错了，那么这一技巧就为你提供了一种发现差错的捷径。

▽

所有这些都是相当枯燥乏味的内容，但是请设想一下，9 这个数以及它的一些数字根就是像本杰明（Arthur Benjamin）——白天他是哈维穆德学院的数学教授，晚上则是数学魔术师——这样一群人所使用的核心构件。本杰明惯常使用一些数学"花招"来愚弄他的观众们，而这些花招中所涉及的无非是 9 的那些基本性质，以及本着舍九法精神所得的所谓数字根。例如：选择一个四位数。打乱它的各位数字，从而构成一个新的数，然后将其中的较大数减去较小数。我们将它们相减所得的新数称为 N，从 N 中取走一个非零数字。根据听到的剩余的各数字，去推断取走的那位数字轻而易举，这是因为 N 的数字根必定等于 9。

▽

在教师们不再建议学生们使用舍九法之后很久，他们还在告诉学生们共有九颗大行星：水星、金星、地球、火星、木星、土星、天王星、海王星和冥王星。不幸的是,正如现在人尽皆知的,冥王星的地位已被降级至"矮行星",加入了谷神星和阅神星之类的行列。为什么国际天文学联合会一直等到 2006 年 8 月才对大行星给出一种将冥王星排除在外的正式定义,我对此一无所知,不过我猜测这就是他们将第九颗大行星驱逐出去的方式。

▽

有一组九是注定不会发生变化的,那就是九位缪斯女神以及她们司管的艺术:

卡利奥佩(Calliope):史诗

克利俄(Clio):历史

埃拉托(Erato):爱

欧忒耳珀(Euterpe):音乐/抒情诗

墨尔波墨涅(Melpomene):悲剧

波吕许谟尼亚(Polyhymnia):颂歌

忒耳西科瑞(Terpsichore):舞蹈

塔利亚(Thalia):喜剧/牧歌

乌拉妮娅(Urania):天文学

▽

另一个比较著名的九人团体是美国最高法院,这一团体目前的人数是从 1869 年开始设立的。这个团体被富兰克林·罗斯福称为"九个老男人",他甚至在 1937 年提议,对于每位年龄超过 70 岁半的最高法院大法官,总统应该能够再额外任命一位法官。为这一改变所给出的理由是要减轻工作负荷,不过罗斯福的司马昭之心是要将一些不太反对他的各种新政提案的法官塞入最高法院。尽管罗斯福将这一主题作为他的九次炉边谈话中的第一次,但他的"填塞法院"计划完全行不通。不过,因为他担任总统的时间是如此之长,所以他得以向最高法院委派了总共八位法官,这是自乔治·华盛顿以来的最高任命人数。

▽

我们会用 9 的一种可能不那么为人们所熟悉的神奇表现来结束本章节。首先画出一个锐角三角形。(其他类型的三角形也可以,但锐角三角形最容易使我们理解。)

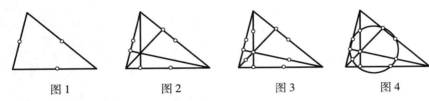

　　图 1　　　　　　图 2　　　　　　图 3　　　　　　图 4

1. 标出各边中点(3 个点)。见图 1。

2. 从各顶点出发画出高(即垂直于该顶点对边的线段)。标出这三条高与对边相交的各点。见图 2。

3. 请注意这三条高相交于同一点。标出每个顶点与该交点之间的中点。这样你已作出了一共九个点。见图 3。

4. 无论一开始的那个三角形的形状如何,这九个点都在一个完整的圆上!见图 4。

9

10 [2×5]

下笔写关于 10 的内容时,与下笔写 1 时有点相似。10 这个数无处不在,而使它显得特殊的和使它显得不那么特殊的,差不多是同一件事。我们都视之为理所当然。

10 这个数最为著名的是作为我们所使用的计数系统的基数。关于 10 的算术格外简单,因为 $10^2 = 100$、$10^3 = 1000$,而一般而言 10^n 就等于 1 后面跟 n 个 0。特别是,当我们说某个估计值差了一个数量级时,严格意义上来说就意味着它差了 10 倍,只不过实际的用法并不总是如此精确。尽管在生活中及本书中还存在着许多其他的基数/计数系统,但 10 可以被视为任何计数系统的基数,这指的是如果将数 n 在基数为 n 的系统中写出来,那么它的形式总是 10。

▽

EOEREXNTEN 这个字母序列以 TEN(十)结尾。这个序列表示的是什么?(请参见答案。)

▽

10 是一个三角形数,这是任何打过保龄球的人都能告诉你的。不过,10 还是个不一样的三角形数。它不仅等于开头四个整数之和,而且还等于 1 +3 +6——前三个三角形数之和。最后的这个性质使 10 成为一个四面体数,意即你可以将 10 个球——比如说保龄球——堆叠成三层而构成一个四面体。

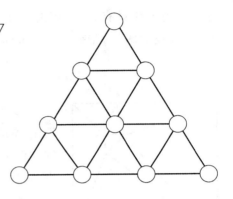

　　右侧这个图形并不是我们所熟悉的十个保龄球瓶的三角形排列。这是毕达哥拉斯学派的"四列十全"①,毕达哥拉斯的精神追随者对于 10 = 1 +2 +3 +4 这个事实尤为着迷。

　　以下列表是毕达哥拉斯与 10 这个数之间的另一种联系:

毕达哥拉斯的 10 条原理 (也称为对立表)	
有限	无限
奇数	偶数
一	多
右	左
雄性	雌性
静止	运动
直	曲
光明	黑暗
好	坏
正方形	长方形

---

① "四列十全"(Tetraktys)也译为"四元体",是毕达哥拉斯学派的秘密崇拜符号,他们认为这个符号与季节、行星运动和音乐等都有关。——译注

由此我们看出,按前十排名是一种古老的概念。不过,看来毕达哥拉斯学派只不过是将他们的清单略加处理并拼凑成正确的长度。亚里士多德说道:他们(即毕达哥拉斯学派)说,在天空中穿行的天体有十个,但由于可见的天体只有九个,因此为了应付这个问题,他们虚构出了第十个——"反地球"(《形而上学》(*Metaphysics*))。

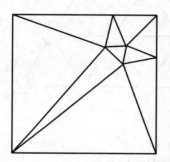

　　说到三角形,左边这个正方形剖分图是高斯帕(William Gosper)的手艺。他是一位数学家和程序设计员,有时被公认为最早的计算机黑客之一。在这一特别的创作中,一个正方形被分成了 10 个等腰三角形(即两边相等的三角形),而 10 个是可能达到的最小值。(与之关联的数是 8,这是将一个正方形剖分成锐角三角形,而不一定要求等腰时,可能达到的最小数量。)

▽

　　人人都知道"十诫"①,但不那么为众人所知的是,最初只有十个罗夏克墨渍测验②图案,其中每种图案都有无穷多种可能的解释。

▽

　　前缀 *dec*-在所有语境下的意思都表示"10"。一个十边形(decagon)有 10 条边,一个小数点(decimal point)指的是在我们的十进制计数系统

———————————

①　"十诫"(Ten Commandments)是《圣经》记载上帝借由以色列的先知和首领摩西向以色列民族颁布的十条规定,是犹太人信奉的生活准则,在基督教中也有重要地位。——译注

②　罗夏克墨渍测验(Rorschach inkblots)是人格测验投射技术之一,根据被测者对墨渍形状的想象来判断其性格,由瑞士精神病医生罗夏克(Hermann Rorschach)于 1921 年最先编制。——译注

中的一个数位,十项全能(decatholon)中包括十个项目,等等。不那么为众人所知的是"*decimate*"(每十人杀一人),这个单词如今与"*destroy*"(消灭)和"*annihilate*"(歼灭)这样的一些单词互换使用,尽管严格按照字面意义解释,"*decimate*"了某一数量,表示的是只减少了初始数量的十分之一。这个单词显然可追溯到古罗马,当时对于叛乱的惩罚就是将参加暴动的士兵每十人杀一人。"*decimate*"词意转化成为"*utter destruction*"(彻底消灭)这个事实说明,原先的每十人杀一人政策具有强大的震慑效果。

▽

10! =6! ×7! 是一个特殊的等式。尽管要构建阶乘的一个无限族,其中的成员都等于其他阶乘之积,这并不算太困难的事(一般而言,假如 $A = B!$,那么 $A! = (A-1)! \times B!$),但是,你却再也找不到像这样相邻阶乘相乘的情况了。

▽

我们会用一个更加值得注意的等式来结束本章节的讨论,这个等式仅用从 0 到 9 这十个数字,就可以表示任何正整数 n,而且这十个数字是按顺序排列的!(以下表达式中开平方根的次数等于 n。)这个公式应归功于小维尔纳·霍格特(Verner Hoggatt Jr.),这位数学家最著名的工作是他对斐波那契数列的研究。我们诚邀熟悉对数定义的读者们思考一下这个公式为什么成立。

$$\log_{(0+1+2+3+4)/5}\left(\log_{\underbrace{\sqrt{\sqrt{\cdots}\sqrt{}}}_{n\text{个}}(-6+7+8)}9\right)=n$$

(请参见答案。)

11 [素数]

出生于英国的西尔维斯特(J. J. Sylvester)是《美国数学杂志》(*American Journal of Mathematics*)的创办者,他曾担任过由一流统计学家变身为护理学先驱的南丁格尔(Florence Nightingale)的导师。他于1884年证明,单单用 x 和 y 这两个正整数的组合不可能构造出来的数最大等于 $xy - x - y$。具体来说,在英式橄榄球中,只用抛踢球得分(3分)和追加触地得分(7分),不可能得到的得分最高是11,因为 $11 = 3 \times 7 - 3 - 7$。同样的计算也适用于美式橄榄球中用射门得分和追加1分的触地得分的情况。这样很公平,因为在任意给定的时间,每队都有11位选手在场上,英式足球和板球中也是如此。

▽

一旦你见过了西尔维斯特的那个公式,你就应该能理解,看起来很相似的公式 $\frac{1}{2}(x-1)(y-1)$ 是用 x 和 y 这两个数不可能构造出来的得分总个数。毫无疑问,无论你是在谈论英式橄榄球还是美式橄榄球,或者仅仅是数字,你都不能用3和7组合得到1、2、4、5、8或11,这里总共有6个数,正如公式 $\frac{1}{2}(2)(6) = 6$ 所预言的那样。

有 11 条边的图形称为十一边形。内接在
苏珊·安东尼（Susan B. Anthony）一美元纪念
币内的十一边形无疑是有史以来最著名的十
一边形。这种硬币在 1979 年到 1981 年期间
发行，后来又在 1999 年再次发行。最初这种
硬币本身就应该是一个正十一边形，但是自动
售货机制造商们从未抽出时间去适配除了圆

形之外的任何形状。不幸的是，由于没有 11 边的外部轮廓使它与众不
同，因此苏珊·安东尼一美元纪念币时常被误以为是二十五美分硬币。

▽

11 这个数在乘法和除法运算中提供了一些奇特的性质。首先，我们
很容易发现 11 的两位数倍数的特性，它们都是由重复的数字构成的：11、
22、33，一直到 99。11 的三位数倍数虽然没有如此突出的特征，但得到它
们的方法却出奇地容易。例如，从 3 和 4 开始。将它们相加得到 7。将这
个 7 置于 3 和 4 之间，就构成了三位数 374。这个数可以被 11 整除。具
体来说就是 374 = 34 × 11。倘若你将这个乘法过程用小学里所使用的老
式形式写出来，并检查中间这列数字，7 的出现就会显得更加符合逻辑：

$$
\begin{array}{r}
34 \\
\times 11 \\
\hline
34 \\
+340 \\
\hline
374
\end{array}
$$

由以上计算过程并不能获得 11 的所有三位数倍数，因为这一过程的
前提是，所选的两个整数（上面的 3 和 4）加起来不超过 9。假如你不是从
3 和 4 开始，而是从 5 和 8 开始，并严格遵循以上规则，那么你就会得到
5138，此时你必须将 5 和 1 相加才能得到实际的乘积 638。

▽

同样的进位法则也可扩展适用于以下三角形：

```
            1
         1     1
      1     2     1
   1     3     3     1
1     4     6     4     1
```

这个三角形的五行恰好与 11 的前五次幂一致：$11^0 = 1, 11^1 = 11,$ $11^2 = 121, 11^3 = 1331, 11^4 = 14\,641$。不过，事实上这就是著名的帕斯卡三角形的开头几行，其中 1 都出现在斜边上，而每个内部的数则等于它上方左右两个数相加之和。帕斯卡三角形的下一行是 1　5　10　10　5　1，不符合 $11^5 = 161\,051$。请注意，11^5 是 11 的第一个不是回文数的幂。

▽

看一个数是否能被 11 整除的一般规则如下：将该数位于奇数位上的各位数字相加，然后将余下的各位数字相加。假如这两个和之间的差值是 11 的倍数（包括 0 在内），那么原数就能被 11 整除。例如，42 658 这个数能被 11 整除，这是因为 $(4 + 6 + 8) - (2 + 5) = 18 - 7 = 11$。

▽

现在来讨论一种完全不同的、几乎令人难以置信的乘法性质。取任意一个数，并将其各位数字全部相乘。无论结果得到的是什么数，再将它的各位数字全部相乘，并如此反复。最终你会得到一个一位数。有时这个过程会十分迅速。例如，假如最初的这个数中含有一个 0，你就立即得到了 0。而假如这个数中有一个 5 和任一个偶数，你就会在两步之后得到 0。不过，有些时候花费的时间要长一点。例如，如果你从 277 777 788 888 899 这个数

（尽管这并不是偶然的选择）开始，那么你就会得到下面这一连串结果：

步骤	数	各位数字乘积
1	277 777 788 888 899	4 996 238 671 872
2	4 996 238 671 872	438 939 648
3	438 939 648	4 478 976
4	4 478 976	338 688
5	338 688	27 648
6	27 648	2 688
7	2 688	768
8	768	336
9	336	54
10	54	20
11	20	0

假如你认为，11 步已经很多了，那么你的想法是正确的。令人称奇的是，据我们所知没有任何数需要 11 步以上，这并不是因为人们没有去寻找。2001 年，卡莫迪（Phil Carmody）证明，所有小于 10^{233} 的数都具有小于或等于 11 的这种所谓的"乘法持久性"。277 777 788 888 899 是乘法持久性等于 11 的最小的数。

▽

11 这个数在几道有关时钟的题目中冷不防地冒了出来。例如，从中午 12:00 开始，此时钟的时针和分针指向同一方向。经过 $65\frac{5}{11}$ 分钟后——换言之，即中午 12:00 到午夜 12:00 之间这段时间的 $\frac{1}{11}$——时针和分针会再次指向同一方向。

▽

在一期"玛丽莲答问"专栏中（《大观》杂志，2007 年 5 月 6 日），要求读者填充以下序列中缺失的时间：1：38，2：44，3：49，4：55，_____，7：05，8：11，9：16，10：22，11：27，12：33。尽管从这些时间本身之中去寻找模式是一种很吸引人的想法，但是一旦你注意到总共有 11 个时间，你就会改变主意了。

在身处宾夕法尼亚州芒特乔伊的米勒（Jocob Miller）提醒下引起玛丽莲关注的这道谜题是一个古老主题的一种变体。虽然这些时间看起来似乎彼此之间没有任何关系，但这只是从指针式钟表转换成数字式钟表时引起的问题（更大的问题是，想瞥一眼别人的腕表就说出准确时间也变得非常困难了）。将谜题中的这一天中的 11 个时间放在指针式钟表上，答案就会显而易见了，因为这些就是当分针和时针恰好指向相反方向时的情况。缺失的那个时间显然就是 6：00，而这也是唯一恰好为整数的时间，不用再把秒四舍五入了。

让我们用另一种方式来看待这一情形。从 6：00 开始，包括 6：00 在内，在下次 6：00 之前时针和分针之间的夹角会有多少次恰好等于 180 度？显然每个小时这个情况都会发生一次，除了 6：00 是从 5：00 到 7：00 的那两小时之间发生的唯一一次之外。并且显而易见的是，任意两次这种情况之间的时间间隔是相同的，因为这一现象是两根指针相对速率的函数，而它们之间的相对速率永不改变。因此，你每 $\frac{12}{11}$ 小时（或者说每 1 小时 5 分又 $\frac{5}{11}$ 秒）就会看到一次 180 度的伸展角。（抱歉，你就是没法摆脱分母中的 11。具体来说，也就是"玛丽莲答问"版本中的那些时间都必然经过了四舍五入。）

▽

11 这个数也出现在两道几何计数练习中。将 6 个正方形的各边以不同方式相连，从而使得到的二维形状能够被折叠成一个立方体。下页图中的 11 个图形就表示了各种相连的方式。此类由 6 个正方形构成的图形被称为六联骨牌。假定将镜面对称和倒置一视同仁的话，那么总共有

35 种六联骨牌。这里画出的 11 种特殊的六联骨牌被称为"立方体网"。

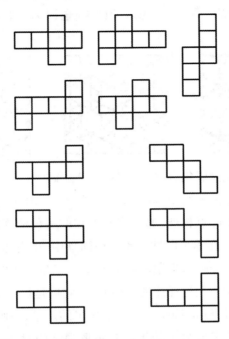

　　像六联骨牌这样的对象的各种铺陈特性引起了大量数学上的关注。事实证明,上述这 11 种六联骨牌都不能铺陈一个矩形,但 11 这个数与平面铺陈之间存在着一种别致的而且相当奇妙的联系,这些平面铺陈也被称为棋盘花纹镶嵌。

　　我们已经看到,只有三种正多边形(六边形、正方形和下页左图中所示的正三角形)能够铺陈平面。但是假如你可以将不同的正多边形混合起来,那么铺陈方式的数量就上升到了 11 种。这 11 种铺陈方式即所谓的阿基米德平面铺陈——尽管阿基米德本人与它们并没有多大关系。下页中图显示了其中的一种铺陈方式。它们显然得到了开普勒的研究和分类。据记载,他生活在距离阿基米德时代大约 1800 年后。我们在下页中图看到的这种阿基米德铺陈组合了正六边形和等边三角形。

　　这初看起来像是一种离奇的巧合:用全同的对称凸多边形来铺陈平面,也有 11 种本质上不同的方式(此外还有一些其他限制条件,不过对于一本老少咸宜的通俗读物而言,这里的数学行话已经够多了)。下方右图这种由全同的不规则五边形所组成的铺陈(请回忆一下,正五边形是不能铺陈平面的)就属于这一类别。

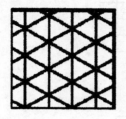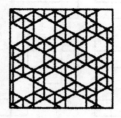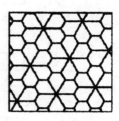

两组棋盘花纹镶嵌集合之间存在着一种简单的一一对应关系。假如你从一种阿基米德铺陈开始,标注出每个多边形的中心,然后再将每个中心点与其相邻的中心点相连,那么你所得到的一种铺陈就被称为开始那种铺陈的"对偶"。在本页所排布的几种铺陈中,最右边的这种棋盘花纹镶嵌就是它左边这种阿基米德铺陈的对偶。互为对偶的铺陈被称为"拉弗斯",至少我最初就是这样想的。事实上,它们是拉弗斯铺陈,这是以瑞士晶体学家拉弗斯(Fritz Laves)的名字命名的。哦,好吧。请注意,标准的六边形铺陈是这里所显示的等边三角形铺陈的对偶(反之亦然)。假如允许我再偷偷加入一个数学术语的话,那就是标准的正方形铺陈(此处没有显示)则具有自对偶的独特性质。

这些各式各样的铺陈仅以其固有的美就有理由使我们去研究它们。对于拉弗斯铺陈的研究也同样出现在材料科学中,如:晶体、金属合金等等。大自然可能痛恨真空,但它热爱对称。前面的几张图案出现在许多自然的(尽管有时是微观的)环境中。

12 [2²×3]

12 这个数是许多宗教的宠儿,因为有圣诞节的 12 天、第 12 夜(即主显节前夕)、12 使徒,以及东正教的 12 大节,还有以色列 12 支派。这 12 支派与雅各(Jacob)的 12 个儿子相关,另外值得一提的是,挪威神话中的主神奥丁(Odin)同样有 12 个儿子。

▽

"一打"这个概念在希腊神话中也十分盛行,希腊奥林匹斯山顶上的万神殿中有 12 个主神就证实了这一点。这些神不在此列出了,因为他们的总数实际上超过 12 个,但无论在何时,12 显然是一个上限。不过,我们可以列出梯林斯的国王欧律斯透斯(King Eurystheus of Tiryns)强加给赫拉克勒斯(Hercules)的 12 项艰难任务。其中大多数都需要杀死这种或那种恐怖的怪物。其中有一个值得注意的例外是第三项任务,因为刻律涅亚山上的牝鹿(Cerynian Hind)实际上是一头标致的鹿,受到月亮与狩猎女神阿耳忒弥斯(Artemis)的钟爱。赫拉克勒斯不得不追踪了整整一年,才得以将它温柔地带走。

赫拉克勒斯的十二项任务

第一件:杀死涅墨亚狮子。

第二件:杀死勒尔纳九头蛇。

第三件:生擒刻律涅亚山上的牝鹿。

第四件:活捉厄律曼托斯山上的野猪。

第五件:清洗奥格阿斯的牛圈。

第六件:杀死斯廷法利斯湖怪鸟。

第七件:捕捉克里特公牛。

第八件:捕捉狄奥墨得斯的野马。

第九件:夺取亚马孙女王希波吕忒(Hippolyte)的腰带。

第十件:捕捉巨人革律翁(Geryon)的牛。

第十一件:摘取赫斯珀里得斯(Hesperides)的金苹果。

第十二件:捕捉冥府看门狗刻耳柏洛斯(Cerberus)。

▽

另一方面,尽管如今由 12 个人组成陪审团是标准做法,但古希腊却没有这样的限制。共有 501 名陪审员参与了对苏格拉底的审判。

▽

12 这个数具有突出地位的一个原因在于它可以被 2、3、4、6 整除,因此就便于应用在各方各面,从鸡蛋到甜甜圈,到时钟上的数字,到一年中的月份,再到黄道十二宫。

▽

将 5 个正方形的各边相连,可构成 12 种不同的形状。这些形状被称为五联骨牌,人们常常用其最接近的字母来标注它们。这 12 种五联骨牌总共占 5 × 12 = 60 个平方单位,并且事实上可以将这 12 块骨牌排列成尺寸分别为 6 × 10、5 × 12、4 × 15 和 3 × 20 的矩形。甚至还存在着一种棋盘游戏的变体,对弈双方交替将五联骨牌放入一个 8 × 8 的网格状棋盘中,直到某一方无法将一块剩余的五联骨牌放入棋盘而不与已经放入其中的骨牌重叠,他就输掉了这一盘游戏。作家及未来学家克拉克(Arthur C.

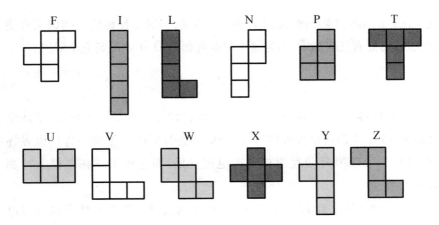

Clarke)是五联骨牌的狂热爱好者,他在《2001太空漫游》(*2001: A Space Odyssey*)中设计了一个计算机哈尔(HAL)玩8×8五联骨牌游戏的场景。对于这种游戏的爱好者们而言,很不幸的是,这一场景被剪掉了,取而代之的是另一种8×8游戏:国际象棋。

▽

12也是三维的吻接数。为了理解这是什么意思,先检视一下二维的情况可能会有所帮助。这种情况下的吻接数被定义为能同时与一个给定的圆相切的、半径为1的圆的数量。这个数显然是6,正如右图所示。

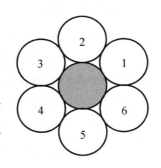

▽

三维的情况必定更加复杂。当你将12个球围绕在一个中心球周围时,就会存在大量未被占用的空间,这就不禁使我们认为可能会有足够的空间放入第十三个球。

早在1694年,在牛顿和苏格兰天文学家格里高利(David Gregory)之间的谈话中显然就已出现了对第十三个球可能性的争论。但是关于他们看法相左的详细情况已经淹没在了历史长河中(大多数记述都认为,牛顿是支持12个球的一方,而格里高利则是支持13个球的一方),甚至连关于这个论题的怡情小赌也全无记录可寻。当然,当时即使他们之间确实有赌注,也不可能有任何赢家,因为这个问题直到 1953 年才得到完全解决。

▽

谈到球体,传统的黑色五边形/白色六边形的"电星"(Telstar)足球设计是 1970 年墨西哥世界杯的官方用球,并在其后的多年中一直是世界杯官方用球。(1970 年是世界杯首次电视直播,而这种新球在电视上特别容易看清。)

在这种足球上有 12 个五边形和 20 个六边形。那么为什么这一讨论要放在 12 这个标题下进行,而不是放在 20 那个标题下呢? 这是因为这种"电星"足球实际上是一种更为一般概念的一个特例,这种概念被称为"巴基球"(Buckyball),得名于以穹顶设计而闻名的富勒(Buckminster Fuller)。(我是带着羞怯和啼笑皆非说出这番话的,因为富勒是我高中毕业时上台的演讲者,而当时的我从未听说过他。)事实证明,许多不同的球形结构都能用五边形和六边形组合而成,不过尽管对其中六边形的数量并无限制,而五边形的数量却必定总是 12。(这个结论是由欧拉定理推断得出的,我们邀请读者来尝试给出一个证明。请参见答案。)具体而言,即六边形的数量可能等于零,在这种情况下你得出的就是一个正十二面体,这是 5 种正多面体之一(参见关于 5 的章节)。还有另一种各面都是菱形的十二面体。这种菱形十二面体能够像立方体那样拼在一起填满三维空间,这就和菱形——或正方形而不是五边形——能够铺陈平面是同样的道理。不过,这两种形式的十二面体都能制成一本台历,它的每个面表示一个不同的月份。

▽

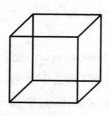

内克尔立方体是一个由 12 条线段构成的视错觉,最早出现于 1832 年。由于这个立方体没有虚线,因此该图形会引发(至少)两种不同的诠释。

13　[素数]

13 这个数出名的最大原因在于,人们认为它非常不吉利。为什么 13 受到这样的对待,理由并不唯一,不过大多数解释的开头都是这样一个事实:与紧邻的前一个数 12 的表现相比,13 的表现要拙劣得多。正如我们刚刚看到的,12 可以正好被 2、3、4 整除,并且出现在每年的月份数、黄道十二宫和各种各样的其他指定名号中。而 13 却是一个素数,因此要爱上它也就比较困难了。

▽

对 13 这个数的恐惧被称为"十三恐惧症"。最后的晚餐有 13 个人出席这个事实似乎刷新了对于这种恐惧的解释。圣殿骑士团成员在 1307 年 10 月 13 日星期五集体被捕也与此异曲同工。不过值得一提的是,希腊、西班牙和其他几个国家将"黑色星期二"(即恰逢 13 日的星期二)视为不吉利。

▽

富兰克林·罗斯福可能是历史上最著名的十三恐惧症患者。据说当午餐会或晚宴的出席人数为 13 时,他就会邀请他的秘书加入宾客行列,以凑成偶数 14。他并不是这一特殊做法的发明者。在法国,甚至有一个单词来表示它："quatorzieme"，表示一位专职的第十四位来宾。还有一个传说是，当马克·吐温发现自己会是一场晚宴的第十三位宾客时，有一位朋友告诉他不要去，因为那会倒霉。马克·吐温后来告诉这位朋友说："那真是倒霉，他们只准备了 12 个人的食物。"不过，罗斯福似乎对于黑色星期五（即恰逢 13 日的星期五）有着无边的恐惧。1945 年 4 月，当美国其他所有人都在为那个月的黑色星期五做准备时，罗斯福设法完全避开了那一天……他在 12 日星期四那天去世了。

▽

并不是每种文化都憎恨 13。埃及人将 13 视为一个神圣的数字，而且尽管罗斯福对它恐惧不已，它在美国历史上却也占据着一个独特的地位。人人都知道，原先的美国国旗上用 13 颗星和 13 根条纹来代表最初的 13 个殖民地。

不过，虽然美国国旗经历了多次修改（最终保持条纹数目不变而只改变星的数目），但是假如你看看一张现代的一美元纸币背面，你就会发现一大堆 13：

老鹰上方有 13 颗星

金字塔上有 13 级

"ANNUIT COEPTIS"（拉丁语，"上帝保佑吾人基业"）中有 13 个字母

"E PLURIBUS UNUM"（拉丁语，"合众为一"）中有 13 个字母

盾牌上有 13 根竖条纹

盾牌顶部有 13 根横条纹

橄榄枝上有 13 片树叶

13 个水果

13 支箭

▽

ELEVEN PLUS TWO = 13 = TWELVE PLUS ONE

（十一加二 = 13 = 十二加一）

上式不仅仅在算术上是正确的,而且位于 13 两边的这两个由 3 个单词构成的表达式是由彼此转换字母顺序而构成的。

▽

12 和 13 这两个数还由下面这些等式相关联。将它们平方后所得答案的各位数字反序,就等于将它们的各位数字反序后再平方。(11 也同样具有这种性质,只是更平凡,不值得讨论;而 13 是这三个数中最好的,因为无论这个数本身还是其平方中都没有重复数字出现。)

$$12^2 = 144 \qquad 13^2 = 169$$
$$21^2 = 441 \qquad 31^2 = 961$$

▽

我们在关于 12 的那个章节中曾遇到过的足球是 13 个阿基米德多面体之一:由两种或两种以上正多边形构成的凸形多面体。其中最为壮观的可能是大斜方截半二十面体,它由 30 个正方形、20 个正六边形和 12 个正十边形构成。

▽

电影《阿波罗 13 号》(*Apollo 13*)记述了同名宇宙飞船 1970 年的那次遭遇厄运的飞行。如同许多(大多数)故事片一样,《阿波罗 13 号》也犯了几个技术错误,其中包括使用了一个直到 1976 年才出现的徽标、将月球着陆点"静海"放错了地方,而且显然忘记了喷气推进装置在太空中不会发出任何噪音的事实。不过对于那些与数字为伍的人而言,最引人发笑的大错出现的地方是,地面指挥中心的一位工程师突然抽出一把计算尺来核对其中一位宇航员的计算。观众们发笑的原因是这一切显得十分原始,而且掩盖了他们实际是在处理加法问题的这一事实。计算尺的核心要点在于,上面的数都是与它们的对数成比例地标出的,从而便于进行乘法和乘方计算,而不是进行加法计算。

再说一点:当《阿波罗 13 号》的 DVD 版面市时,其发行对整个电影租赁业造成了一种非预期的效应。一位名叫哈斯廷斯(Reed Hastings)的年轻人租了这部电影，结果在归还时产生了一些过期附加费。哈斯廷斯认为这是不合理收费而对此感到不快，于是他创建了"网飞"(Netflix)公司，这是第一家通过邮件租赁 DVD 的服务商。

14 [2×7]

007 ×2

弗莱明(Ian Fleming)总共写了14部以詹姆斯·邦德为主角的小说，从1953年[他以《皇家赌场》(*Casino Royale*)崭露头角的那一年]直至1966年(弗莱明去世的那一年)。这14本书中，有两本[《雷霆万钧》(*Thunderball*)和《八爪女》(*Octopussy*)]实际上是短篇故事集。

▽

我们已经看到，正五边形是不可能铺陈平面的，但是有14种已知的不规则凸五边形却能恰好铺陈平面。其中两种如下图所示：左边那个就是六边形铺陈，只是在每个六边形内部画三根线段而已；右边那个是德国

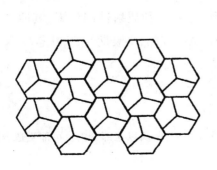
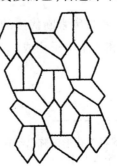

研究生施泰因（Rolf Stein）于1985年发现的，依靠的是边和角之间的特殊关系。施泰因的创作是第14种五边形铺陈。如果有第15种被发现的话，那么它会震撼铺陈界，而这种铺陈的可能性并没有被排除①。

▽

据说巴赫（Johann Sebastian Bach，1685—1750）尤其钟爱14这个数，这也许是因为在标准的字母数字代码中，巴赫（BACH）这个单词中的各字母代码相加得2 + 1 + 3 + 8 = 14。

▽

在旧的英国度量衡系统中，一英石等于14英常衡磅（约6.35千克）。

▽

"*fortnight*"是表示两星期时间的一种奇特表述。如果你意识到这个单词是"forteen nights"（即"十四夜"）的一种缩写形式，一切就清楚了。

▽

谈到日、夜或诸如此类的事情，日历共有14种可能的形式，这是因为1月1日可能落在一周七天中的不同日子，而闰年则又为这七个选项各自创造出了两种不同的日历。

▽

碳14是碳素断代法的基础，它是一种放射性同位素，其原子核由6个质子和8个中子构成。它是天然存在的，半衰期为5730年。

---

① 第15种五边形铺陈已经在2015年被发现，所以这部分内容可能更适合出现在下一个章节中。——译注

1949 年，滑稽二人组合"凯特尔爸妈"〔Ma and Pa Kettle，两位演员是梅因（Marjorie Main）和基尔布赖德（Percy Kilbride）〕对一个推销员的说法提出了挑战，这种说法断言 25% 的五分之一是 5%，而他们却觉得其实应该是 14%。他们将 25 除以 5。好吧，2 不能被 5 除，因此你必须去用 5 来除。5 除以 5 等于 1，因此凯特尔爸爸就将 1 放在左边。从 25 中减去 5 以后，给你留下的是 20，而 20 中有 4 个 5。在刚才那个 1 的旁边写上一个 4，他就得到了 14。

▽

十四行诗是指有 14 行的诗歌，写成抑扬格五音步的形式，并分成一个前八行诗节和一个后六行诗节。

▽

我们也不能忘记变余结构。对于一个智力玩具而言，这样的名字是足够奇怪的，不过它的另一个名字的奇怪程度也毫不逊色：阿基米德小腔，或者就简单地称为"十四巧板"。无论它的名字叫什么，这都可能是世界上最为古老的智力玩具之一。它由 14 个三角形和四边形构成，它们可以重新排列成各种各

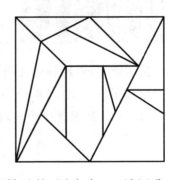

样的形状。其中之一是正方形，这几乎是显而易见的，因为十四巧板（我比较偏爱这个名字，因为它本来的意思就表示解题者快要发疯了）的 14 片本来就是将一个 12×12 的正方形沿着以各格点为端点的一些线段剪开而得到的。自从阿基米德的时代（约公元前 200 年）以来，围绕这个智力玩具的最大挑战是要计算出这 14 片总共能以多少种方式组合起来拼成一个正方形。其答案——536——直到 2003 年才有了定论。我们还曾经以为费马大定理得花费更长时间才能得到解答呢。

15 [3×5]

在双陆棋游戏中，每位玩家开局时都有 15 颗棋子，排列成 2 颗、3 颗、5 颗、5 颗的四列，如左图所示。

▽

15 是第五个三角形数，可以很容易地用未被打散时的 15 个台球的排列形式来描绘——在这种情况下，15 个球被限制在美式八球制台球所使用的木制框架中。

▽

付 15% 的小费是在美国外出就餐时的一条通用准则。而且心算出 15% 的小费是一件简单的事情。只要算出餐费的 10%，然后再加上这个数额的一半即可。一张 70 美元的账单要付 7.00 美元 + 3.50 美元 = 10.50 美元的小费。

由 15 个字母构成的单词 "*uncopyrightable*"（"不受版权保护的"）是英语中没有任何重复字母的最长单词。

据推测出自谜题大师劳埃德（Sam Loyd）之手的"十五滑块游戏"是在 1880 年引发狂热的一种游戏，那时几乎恰好是魔方推出的 100 年前。游戏在 4×4 的格子中进行，里面放置着 15 个编号为 1 到 15 的方块，其中 14 和 15 这两块顺序颠倒。游戏的目的是要利用棋盘中的一个空位来滑动这些方块，从而将 14 和 15 两个方块按它们原来的顺序放置。

围绕着这种游戏的各种传说中有一条是说，美国马萨诸塞州的一位名叫派维（Charles Pevey）的牙医悬赏一套价值 25 美元的牙齿（并且不久之后又加上了 100 美元现金）寻找任何能够解答这一游戏的人。想必派维知道他的钱安全无虞，因为不可能存在任何解答。解答的不可能性与所谓的奇偶性论证直接有关。奇妙的是，无论这些方块如何滑动，颠倒顺序的滑块数量之和加上那个空位所在的行数总是保持不变，由于将 14 和 15 交换顺序后会使该数减小 1，因此完成游戏是做不到的。

虽然劳埃德因发明这一游戏而赢得了荣誉，但其实际发明人显然是一位名叫查普曼（Noyes Chapman）的纽约邮政局局长。

右边的图形被称为幻方，因为其中每一行、每一列和每条对角线之和都等于同一个数。15 是任何 3×3 幻方的幻常数，这是因为从 1 到 9 相加之和等于 45，而 $\frac{45}{3}=15$。

8	1	6
3	5	7
4	9	2

在关于 4 的那个章节的讨论中我们看到,任何正整数都可以写成 4 个完全平方数之和。换言之,存在着一些 w,x,y,z,使得任何正整数都可以写成 $w^2 + x^2 + y^2 + z^2$ 的形式,而 w,x,y,z 这 4 个数不必互不相同。15 这个数在那一段讨论中起作用的原因是,它是必须由整整 4 个平方数才能构成的最小数:$9 + 4 + 1 + 1$。不过,数学家们是不会放过像拉格朗日四平方和这样一条定理而不加以推广的。那么这样一种推广看起来会如何呢?举例而言,是否任何正整数都能表示成 $w^2 + 2x^2 + 3y^2 + 4z^2$ 的形式呢?让我们来试试看:

$1 = 1^2 + 2 \times 0^2 + 3 \times 0^2 + 4 \times 0^2$ $9 = 3^2 + 2 \times 0^2 + 3 \times 0^2 + 4 \times 0^2$

$2 = 0^2 + 2 \times 1^2 + 3 \times 0^2 + 4 \times 0^2$ $10 = 1^2 + 2 \times 1^2 + 3 \times 1^2 + 4 \times 1^2$

$3 = 1^2 + 2 \times 1^2 + 3 \times 0^2 + 4 \times 0^2$ $11 = 0^2 + 2 \times 1^2 + 3 \times 1^2 + 4 \times 1^2$

$4 = 2^2 + 2 \times 0^2 + 3 \times 0^2 + 4 \times 0^2$ $12 = 0^2 + 2 \times 0^2 + 3 \times 2^2 + 4 \times 0^2$

$5 = 1^2 + 2 \times 0^2 + 3 \times 0^2 + 4 \times 1^2$ $13 = 1^2 + 2 \times 0^2 + 3 \times 2^2 + 4 \times 0^2$

$6 = 2^2 + 2 \times 1^2 + 3 \times 0^2 + 4 \times 0^2$ $14 = 0^2 + 2 \times 1^2 + 3 \times 2^2 + 4 \times 0^2$

$7 = 2^2 + 2 \times 0^2 + 3 \times 1^2 + 4 \times 0^2$ $15 = 1^2 + 2 \times 1^2 + 3 \times 2^2 + 4 \times 0^2$

$8 = 0^2 + 2 \times 2^2 + 3 \times 0^2 + 4 \times 0^2$

我知道这个过程正愈发变得单调乏味,不过信不信由你,我们并不需要再继续下去了。根据 1993 年由康韦和施内贝格尔(William Schneeberger)提出的一条非凡的定理,我们知道:表示前 15 个整数的任何正定二次型都能表示任何整数!

事实证明,表示所有整数的具有 $Aw^2 + Bx^2 + Cy^2 + Dz^2$ 形式的表达式有 54 个,其范围从 $w^2 + x^2 + y^2 + z^2$ 到 $w^2 + 2x^2 + 5y^2 + 10z^2$。这张清单是由伟大的印度数学家拉马努金(Ramanujan,1887—1920)在 20 世纪初首先确定的——也就是说当时并没有计算机的帮助。拉马努金的研究工作中唯一的缺陷在于,他纳入了 $w^2 + 2x^2 + 5y^2 + 5z^2$ 这种形式,而结果证明这种形式并不是通用的。事实上,在 w,x,y,z 都是整数的情况下, 15 这个数是第一个 (也是唯一一个!) 不能表示为 $w^2 + 2x^2 + 5y^2 + 5z^2$ 形式的数。

$$\triangledown$$

未来, 每个人都能当上 15 分钟的世界名人。

——沃霍尔 (Andy Warhol, 1928—1987), 1968

16 [2⁴]

由于 16 是一个完全平方数,因此就有可能将 16 个圆圈排列为一个正方形,如下图所示:

▽

还有可能将同样的这 16 个圆圈排列成一种不同的正方形构形:

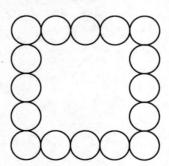

上页这个正方形能够排列出来的原因在于,16 除了是一个平方数以外,还是两个相差为 2 的数的平方差,即 $5^2 - 3^2$,也就是 25 - 9。(第二个图形只不过是从一个 5×5 的正方形中取出了它内部的 3×3 部分。)没有任何其他数量的圆圈(或诸如此类的东西)能够以这种方式用两个平方数来构形。

▽

$16 = 2^4 = 4^2$ 这个等式是独一无二的。没有任何其他数能够在 $a \neq b$ 的条件下表示成 a^b 和 b^a 的形式。

▽

在某种程度上,1 磅(pound)中有 16 盎司(ounce)这个事实与 16 是 2 的一个幂相关。"ounce"这个单词来源于拉丁语中的"*uncia*",意即第 12 部分,所以,它与"英寸"(inch)是同源词。古罗马的 1 磅确实等于 12 盎司,这一标准以金衡磅(Troy pound)的形式沿用至今,用于称量黄金。在这两者之间,似乎 17 世纪的苏格兰金匠曾使用过一种每磅相当于 16 盎司的标准。而更为普遍的是,中世纪的商人们看出了一个可以反复对分的单位所具有的优势,显然正是在这一基础上,现今的 16 盎司常衡磅才会出现并一直延续下来。

▽

在计算机和其他一些应用中采用十六进制作为基数,就是不会出现任何大于基数 16 的数字。这一进制中采用的数字是 0,1,2,3,4,5,6,7,8,9,A,B,C,D,E,F。由于 $16 = 2^4$,因此一个十六进制比特本质上就代替了 4 个普通比特,也就大大降低了计算机代码的复杂程度。在布尔逻辑中,共有 16 种可能的布尔运算可以用来对两个变量 P 和 Q 进行操作:零、P、非 P、非 Q、P 与 Q、P 与(非 Q)、Q 与(非 P),等等。

在布里格斯(Katharine Cook Briggs)和她的女儿迈尔斯(Isabel Briggs Myers)根据荣格(Carl Jung,1875—1961)1921 年公开的理念而设计的迈尔斯—布里格斯分类系统中,共有 16 种基本性格类型。人们可分为内向型(introverted,标记为 I)或外向型(extraverted,标记为用 E)、感觉型(sensing,标记为 S)或直觉型(intuitive,标记为 N)、思考型(thinking,标记为 T)或情感型(feeling,标记为 F)、判断型(judging,标记为 J)或感知型(perceiving,标记为 P)。利用这四种均有两种可能性的基本标记,就可能构成 $2^4 = 16$ 种可能的组合。它们通常用四个字母组合起来表示,如下所示:

ISTJ	ISFJ	INFJ	INTJ
ISTP	ISFP	INFP	INTP
ESTP	ESFP	ENFP	ENTP
ESTJ	ESFJ	ENFJ	ENTJ

最为常见的性格类型是 ISFJ——内向感觉情感判断型,这种类型约占人口总数的 13.8% 。最不常见的类型是 ENTJ——外向直觉思考判断型,约占人口总数的 1.8% 。请注意,最常见的和最罕见的两种类型中,只有三项而不是四项基本类别是相反的。

▽

接下去我们来谈一种不同类型的识别过程,在 20 世纪的大部分时间里,英国所采用的指纹识别基于 16 点相似性。这种标准最终由于技术的进展而被抛弃。不过,这个故事中有趣的一点是,人们发现,这种 16 点标准最初所依据的那篇论文原来是伪造的。

16 个 0 和 1 排列成的这种形状被称为德布鲁因圈。假如你从这个图形最上方的中心开始,按顺时针方向的 4 个字符构成的集合是 {0,0,0,0}。从右边的下一个字符开始,按顺时针方向四格所给出的集合是 {0,0,0,1},以此类推。到你绕着整个圈走完一圈时,你就创建出了 4 个二进制字符(即 0 或 1)可能构成的所有 16 种排列。对于任何想要做出的字母表和任意大小的圈,德布鲁因圈都存在,这一点可以利用图论来加以证明。此外,这些圈还与一道被称为"通用着色"(universal coloring)的题目相关。本书恰好没有使用四色印刷,但是有一个与上面这幅图相关的挑战,你大可思考一番。那就是将这 16 个位置中的每一个都用四种颜色中的一种以某种方式进行着色,而使得当你沿着这个圈绕行时,你就会碰到这四种颜色的全部 16 种有序对——也就是(红,蓝)、(蓝,黄),以此类推。

▽

说到书籍,有一件并不广为人知的事情,即在传统书籍的装订过程中,使用长度为 16 的"书页叠"①。这就是为什么这么多书籍的总页数都是像 272、288 之类的数字,或者其他 16 的倍数。

▽

定义如下两个数集 A 和 B:
$$A = \{1,4,6,7,10,11,13,16\}$$
$$B = \{2,3,5,8,9,12,14,15\}$$

① 一本书所需的未经裁切的整张纸的数量称为"印张"(printed sheets),而"书页叠"是装订的一个单位,利用折叠把印张变成一个或几个书页叠(signature)。——译注

乍看起来，这两个集合 A 和 B 显然是不相交的，并且它们共同列出了从 1 到 16 的所有正整数。再多看一眼，我们就发现从 {1, 2} 直到 {15, 16} 的这八对数字都恰好有一个元素在 A 中而另一个元素在 B 中，其中每个集合中都各有四个偶数和四个奇数，因此 A 的各成员之和就等于 B 的各成员之和。不过，远没有那么显而易见的是，A 中各成员的平方和等于 B 中各成员的平方和，而对于立方也有同样的情况。这种构造值得注意，但事实证明对于 2 的任何次幂都是可能实现的：由 32 个数构成的结构使用的是四次幂，由 64 个数构成的结构含有的是五次幂，以此类推。

▽

下方显示的这个由 16 个平方单位构成的图形向我们揭示了如何制作被称为七巧板的几何形状。七巧板——5 个三角形、1 个正方形和 1 个平行四边形——可以组合起来构造出各种各样的形状，其中包括它们的来源——4×4 正方形。

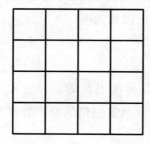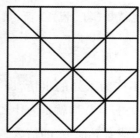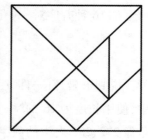

▽

作为一个练习，请尝试用七巧板搭成下面这个由 16 个平方单位构成的图形（请参见答案）：

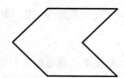

▽

我们的最后一张由 16 个平方单位构成的图是巴谢方阵,其中每一行、每一列和每条对角线上都有一张 A、一张 K、一张 Q 和一张 J,而且每种花色也都出现一次且仅出现一次。这个方阵是巴谢·德·梅齐利亚克(Claude Gaspar Bachet de Meziriac)在 17 世纪初发现的。1624 年他还提出了总共有多少种不同的巴谢方阵这个问题。答案是 1152。把它写成 $2 \times 576 = 2 \times (4!)^2$ 的形式比较容易明白,因为其中的想法是,一旦你将最上面一行确定下来,与这一行相关的巴谢方阵就只有两个了,同时由于牌面大小和花色的不同,它们都会各自贡献 4! 种可能的排列。

17　[素数]

看起来,毕达哥拉斯学派恐怕是厌恶 17 这个数的,因为他们觉得它与左邻 16 和右里 18 所具有的对称之美都无法相提并论。他们当然拥有发表意见的权利,不过历史已经证明他们在各种领域中都表现得相当愚蠢,这次也绝非例外。我们在本书中遇到的所有数字之中,仅就为此付出的努力程度而言,17 这个数可能是最令人惊讶的。

▽

巴兰钦(George Balanchine,1904—1983)毫无困难地在 17 这个数字中找到了对称性。这是出席某一堂课的芭蕾舞女演员人数,于是巴兰钦即兴将她们排列成双菱形编队,而这种队形后来成为他的招牌性芭蕾作品《小夜曲》(Serenade)的开场队形。

▽

在意大利,17 这个数承担着在其他国家由 13 所扮演的霉运和迷信的角色。意大利航空公司不设第 17 排座位,许多意大利建筑物没有第 17 层,而当雷诺 R17 型轿车出口到意大利时,它的型号名称就被改成了 R117。这种对于 17 的文化反感有着悠久的历史根源,看上去可追溯到 17 的罗马数字表示字符 XVII 和拉丁语单词 VIXI 之间的字母顺序异构关

系。后者的英译原来是"我活过",不知怎么变成了"我死了"。(请注意,
VI + XI = 6 + 11 = 17。)

▽

17 这个数是连续数列的某种阈值。不过我们会从头开始叙述这
件事:

▽

任意两个连续整数,几乎根据定义就可知,它们不包含任何公因数。
用数学术语来说,它们是互素的。这对于三个连续整数并不一定成立,因
为其中两个可能是偶数,因此就都能被 2 整除。不过,中间那个数必定与
另两个互素。而在四个连续整数中,中间的两个数之一必定是奇数,因此
就与其他三个互素。

我们可以这样继续到哪里?你猜对了,任何由少于 17 个连续整数
构成的序列中,都必定至少包含着一个与所有其他数都互素的数。不
过,假如你观察一下 2184,2185,2186,…,2199,2200 这 17 个连续整
数,你就会看到其中每个数都至少与这个序列中的另外一个数具有公
因数。事实上,假如你选择任何一个 $n \geqslant 17$ 的数,就总是有可能查找到
一个由 n 个连续整数构成的序列,使其中的每个数都至少与其他数中
的一个具有公因数。上面从 2184 开始的这个序列恰好是这类序列中
最小的。

17

▽

假如你到访德国的不伦瑞克,即高斯(Carl Friedrich Gauss,1777—
1855)的出生地,那么你很可能会碰到一座置于圆形基座之上的高斯雕
像。不过,请再看一眼那个基座。假如你确实多看了一眼,你就会看清这
并不是圆形的,而是一个由 17 条相等的边构成的图形。这座雕像表彰的
是高斯的早期伟大成就之一——只用一把尺和一个圆规(小学用的那种

一头是针尖一头是铅笔的圆规,而不是告诉你北极在哪里的指南针①) 作出了一个正十七边形。

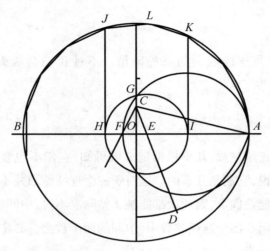

让我们花费片刻时间来思考一下这样一种作图过程的全部要义。假如要求你只用一把尺和一个圆规来作出一个等边三角形,那么你就会如下操作:取两点 A 和 B。将你的圆规插入点 A 后,画出一段通过点 B 的圆弧。然后将圆规插入点 B,并画出一段通过点 A 的圆弧。假如你所画出的这两段圆弧足够长的话,他们就会相交于第三个点,我们会适当地将它标为点 C。现在你终于可以使用你的尺了,用它画出连接 A 与 B、B 与 C、C 与 A 的三条线段。这样你就得到了一个等边三角形。

尽管十七边形的作图过程必定更为复杂,但上边这幅图为其基本方法给出了一点线索。

▽

高斯并没有止步于此——他也不应止步于此,因为他在年仅 18 岁时就作出了正十七边形。他最终还为这些适于尺规作图的正多边形给出了一种明确的分类。在此过程中,他又证明了用如此有限的工具是不可能

---

① 表示圆规和指南针的英文单词都是 compass。——译注

作出正九边形的。

▽

　　辛辛那提动物园有一幅看起来很像十七边形的展示图,只不过其中展示的是一窝一窝各种各样的 17 年蝉。这种昆虫在某个特定的环境下要 17 年才出现一次,这个事实使它们那种格外恼人的鸣叫声变得至少可以容忍了。这幅图开始于在 1987 年出现的某一窝蝉,终止于 17 年后的 2004 年,正是这窝蝉要重新出现的时候。

▽

　　请回忆一下关于 6 的章节中讲到的,假如你用红色或蓝色的线段来连接 6 个点,那么你就会自然而然地作出一个单色三角形——一个全红或全蓝的三角形,其各顶点为这 6 个点中的 3 个。假如你增加到 3 种颜色,那么事实证明 17(个点)就是那个魔法数字。

▽

　　我们都看到过壁纸上的图案,并注意到它们以一种对称的形式重复出现。虽然壁纸商店或壁纸目录会提供数千种选择,但是你也许会在得知这样一个事实时感到惊奇:任何对称图案都是 17 种基本类型之一,这些基本类型被恰当地称为壁纸群(groups)。下页这些图案收录了各种对称手段,从平移到反射到旋转,然后就是旋转各种不同角度,以及将以上这些手段组合起来。

　　对于为什么平面对称的数量仅限于 17 种的证明有点超出本书的范围了,不过在康韦、伯吉尔(Heidi Burgiel)和戈德曼-施特劳斯(Chaim Goodman-Strauss)合著的《事物的对称性》(Symmetries of Things)一书中给出了一种绝妙的证明。

　　位于西班牙(这个国家本身就被分成 17 个所谓的自治区)格拉纳达的摩尔人城堡阿尔罕布拉宫中是否出现了这所有 17 种平面对称? 学者们似乎就这一问题产生了分歧。与研究 17 这个数的世界级泰斗(我可不

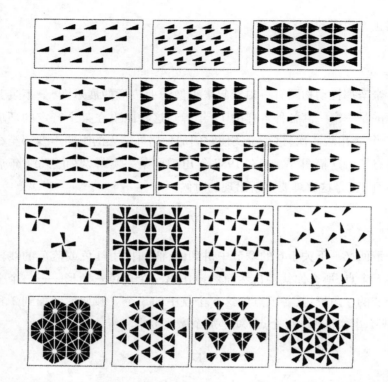

是在开玩笑)、美国罕布什尔学院的凯利(David Kelly)的一次简短的交谈表明,这个问题的答案是肯定的,不过一些书面叙述则没有那么乐观。无论对于阿尔罕布拉宫铺陈形式的最终裁定如何,它们的名声都激励了一位名叫埃舍尔(M. C. Escher,1898—1972)的、当时还默默无闻的荷兰书画刻印艺术家。他于1922年和1936年两度造访该处。埃舍尔以这几次参观为基石,开始不懈地探索这些神奇的平面对称,而他的那些艺术造诣如今已成传奇。

▽

　　最后,请思考下面这个数独游戏。你也许已经注意到,其中给出的初始数字要少于你常见的数独。不过,假如你正在想,你曾经见到在某个刊出的数独游戏中,初始给定数字比这还少,那么就会有许多数学家非常希望跟你谈谈了。你看,下面这个游戏中恰好有17个初始给定的数字,而这是截止到写作本文时达到过的最少数字。换言之,从来没有任何证据表明,任何有 16 个或列出更少给定数字的数独游戏能得出唯一解答,而支持 17 仍然是最小值的间接证据则正在日积月累,不过目前还不存在针对这一点的定理。令人惊奇的是,这个特殊的数独游戏也并没有那么难。(请参见答案。)

	1	4				8		
				2	7			
7	6						2	
			4					
2								
3	7			8				
			5			4		1
						5		

关于 17,我想我会就此打住。我不确定在我所写的内容中,有什么是凯利还不知道的。不过我相信我所展开的内容已足以证明毕达哥拉斯学派对于这个奇妙数字的冷漠非常可悲,大错特错。

18 [2×3²]

一个周长为 3 + 6 + 3 + 6 = 18 的矩形所具有的面积是 3 × 6 = 18。除了 4 × 4 的正方形之外,这是唯一面积和周长在数值上相等的矩形。

▽

从位于一根线段上的某个点开始,在这根线段上放置另一个点,从而使这两个点分别位于只属于它自己所在的半根线段上,这是很简单的事情,如下图所示。

现在,我们再放置第三个点,从而使这三个点分别位于只属于它自己的三分之一线段上。不好,稍等一分钟。刚才那两个点已经位于这根线段中间的三分之一段上了。让我们重新开始。

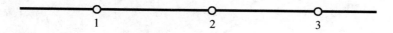

就这样,也很容易。前两个点位于不同的半段上,三个点位于不同的

三分之一段上。我们能这样继续下去吗？也许能,但只能到一定限度为止。1970 年,伯利坎普(Elwyn Berlekamp)和格雷厄姆(Ronald Graham)证明了一个非凡的结论:无论你重新开始多少次,都不可能以这种方式放置 18 个点。

▽

这个所谓的"18 点定理"在政党代表领域有一种有趣的应用。弗吉尼亚理工大学的经济学教授卡茨(Amoz Kats)于 1984 年首先详细论述了这种应用。卡茨教授的论文在以色列和斯堪的纳维亚半岛这样的一些地方引起了特殊的共鸣。这些地方的立法机关是使用比例代表制选举出来的:假如一个政党得到 $x\%$ 的选票,那么它就得到 $x\%$ 的立法机关席位,按照该党名单的顺序填充这些席位。问题在于,一个政党的各个不同选区能否总是有代表? 在卡茨的构想中,"如果每当一张名单上的前 k 位成员当选时,该党的 k 个均匀分布的部分中的每一个在该当选机构中都有代表,那么这张名单才确实代表这一政党的全体选民。"对于小型立法机关是没有任何问题的,但是对于较大的立法机关,18 点定理就显现出来了:卡茨的特殊结论是,"当且仅当名单中包含不超过 17 个姓名时……一个政党才能构建出一个有序的代表名单。"所幸,这个条件在大部分时候都得到满足,而不论这个政党是否对 18 点定理顶礼膜拜。

▽

18

现代高尔夫球场有 18 个洞。打排球的场地长 18 米,而所用的排球表面则被分成 18 块。

▽

18 这个数对于一种截然不同的运动而言,算得上是一种标准,这种运动就是跳桶。也就是你穿着冰鞋快速起跑……结果能跳过多少个桶? 20 世纪 20 年代,美国广播公司的电视节目"体育大世界"(*Wide World of Sports*)常常播放卡茨基尔山格罗辛格度假村的跳桶比赛。跳过 18 个桶(换算成长度是 29 英尺 5 英寸,约 9 米)的世界纪录是加拿大的乔林(Yvan Jolin)于 1981 年创造的,这个纪录可能会保持很长很长时间。

▽

在赛马中,18 还构成了一条别致的界限。截至写作本文为止,肯塔基州赛马会上名字最长的获胜者是 2000 年的冠军,这匹马的名字 Fusaichi Pegasus 中有 16 个字母(在赛马中,空格也计数)。斯皮尔伯格(Steven Spielberg)是 2003 年参赛的 Atswhatimtalknbout 的共同拥有者之一,这匹马虽然以第四名的成绩冲过终点线,但却平了一项永远不会被打破的纪录。Atswhatimtalknbout 这个名字中有 18 个字母,而肯塔基州赛马会禁止马匹的名字超过 18 个字母(全世界各地许多赛马场也有此禁令)。

19 [素数]

围棋的规则是使用一个 19×19 的网格状棋盘,棋手将白子和黑子放置在这个棋盘上,以期包围对手的棋子,从而将这些被包围的棋子从棋盘上取走。相传这种游戏可追溯到公元前 2000 年左右。

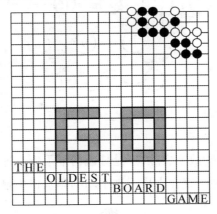

与围棋相比,克里比奇纸牌从游戏的意义上来说是一个后起之秀。人们以为克里比奇纸牌的发明者是英国诗人约翰·萨克林爵士(Sir John Suckling,1609—1642)。这种游戏过程包括发出几手牌并对其进行估值,然后依照各手牌的价值来绕着一个棋盘移动一些木楔。事实证明,19 是克里比奇纸牌中不可能出现的得分,也是具有这一性质的最小数字。于是 19 就用来表示一手无效牌。

▽

19 是一个所谓的"中心六边形数",意思是说可以将 19 个点以某种方式排布,从而使它们构成一些同心六边形,而其中有一点构成其中心。在下面的这幅图中,我们在这些点中放置了数字 1 到 19,从而使这六个三角形的任意一边上的三个数相加之和都相同:22。凑巧的是,这样的分布方式有多种,也就可能产生各种各样的和。可能得到的最大的和是31。你能找到一个能够给出这个和的解答吗?(请参见答案。)

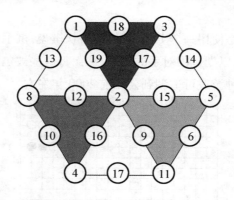

▽

将上图中的那些数字去除,于是你就留下了下方这个由 19 个洞构成的六边形图案,这种图案在水槽或洗手间的排水口中最为常见。

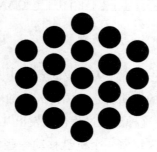

▽

19 这个数与六边形之间的另一种关联与下面这幅图有关——19 个可以着色的等边三角形，并且可以将它折叠成一个有六个面的六边形折纸。假如将 1、2、3 这三个数字各自涂上一种不同的颜色(背面也同样处理)，那么通过恰当的折叠和操作，就有可能得到只出现这六种颜色之一、而其他五种颜色都看不见的六种纯色六边形。

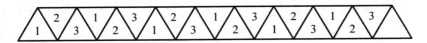

▽

为应对通用磨坊食品公司的"大全"产品的竞争，家乐氏公司于 1967 年推出了"第 19 号产品"。据说，家乐氏公司在为这种新产品起名时遇到了困难，因此最终选定了"第 19 号产品"这个名字，因为这是该公司历史上的第 19 种产品，而排在第一的是"玉米片"。

▽

19

95

哲学家罗素(Betrand Russell，1872—1970)曾经思考过，要确定"无法用少于 19 个音节来指明的最小整数"(the least integer not nameable in fewer than nineteen syllables)的这件事是徒劳的。相比之下，指明 11 需要 3 个音节，要么说"十一"(e-le-ven)，要么说"八加三"(eight plus three)，它是具有这一性质的最小整数。不过，罗素的思路完全不同。他的重点在于，引号中的描述语句由 18 个音节构成，而这就意味着无法用少于 19 个音节来指明的最小整数事实上却可以用 18 个音节来指明，这就形成了一个矛盾。罗素将这个悖论归功于英国牛津大学的图书管理员贝里(G. Berry)。现在有许多不同形式的表述，不过其基本概念被称为"贝里悖论"。

快速回答：下面这个等式与 19 这个数有什么关系？

$$559 = 256 + 256 + 16 + 16 + 1 + 1 + 1 + 1 + 1 + 1 + 1 + 1 + 1 + 1 + 1 + 1 + 1 + 1 + 1$$

答案是等式的右边有 19 个数（被加数）。但还不止于此。我们可以将这个等式改写成：

$$559 = 4^4 + 4^4 + 2^4 + 2^4 + 1^4 + 1^4 + 1^4 + 1^4 + 1^4 + 1^4 + 1^4 + 1^4 + 1^4 + 1^4 + 1^4 + 1^4 + 1^4 + 1^4 + 1^4$$

换言之，559 这个数可以写成 19 个四次幂之和。不过你猜怎么着？每一个正整数都可以写成最多 19 个幂之和。也许你还记得在关于 4 的那一章节中，我们关于拉格朗日定理的讨论，这条定理声明，每个正整数都可以写成四个平方数之和。嗯，数学家们并没有到此为止。1770 年，牛津大学的数学家华林（Edward Waring）还推测出用 19 个四次幂就足以表示任何正整数。这一结论最终由巴拉萨布拉曼尼恩（R. Balasubramanian）、戴舍尔（J.-M. Deshouillers）和德雷斯（F. Dress）在 1986 年给出了证明。结果证明，只有 7 个数（559 是这 7 个数中最大的一个）需要用到整整 19 个四次幂。

1	1	2	3	5	8	13	21	34	55
F_1	F_2	F_3	F_4	F_5	F_6	F_7	F_8	F_9	F_{10}
89	144	233	377	610	987	1597	2584	4181	
F_{11}	F_{12}	F_{13}	F_{14}	F_{15}	F_{16}	F_{17}	F_{18}	F_{19}	

以上是前 19 个斐波那契数，其中 $F_1 = F_2 = 1$，并且这个数列中的每个数依次都是由其前两个数相加而得的（请参见 5、8 等章节）。用灰色突出表示的各项是下标为素数的那些斐波那契数（不包括 F_2）。由前六个素数下标——3、5、7、11、13、17——各自得到的斐波那契数都是一个素

数。并没有任何充分的理由表明这种模式应该继续下去,而事实上 F_{19} 就是无穷多个例外中的第一个: $F_{19} = 4181 = 37 \times 113$。

▽

说到整除性,任何能被 19 整除的数都会具有以下这条奇异的性质:假如你将其最后一位数字乘以 2,然后将所得的数与截去末位剩下的数相加,结果得到的数就能被 19 整除。例如,625 632 能被 19 整除,是因为下列所有结果都能被 19 整除:$(62\,563 + 4 = 62\,567)$;$(6256 + 14 = 6270)$;$(627 + 0 = 627)$;$(62 + 14 = 76)$;$(7 + 12 = 19)$;$(1 + 18 = 19)$。作为一种整除性测试,描述这个过程是相对容易的,但这一过程通常需要如此多次反复迭代,以至于你可能会感到疑惑,为什么不从一开始就直接除以 19 呢?不过,请别轻信我说的话。如果你愿意的话,可以用 19 的最著名倍数之一来检验此过程,它就是 19 181 716 151 413 121 110 987 654 321——由前 19 个整数反序串连起来而构成。

▽

一般而言,当且仅当(if and only if,缩写为 iff)将一个正整数的最后一位数字的两倍与该数截去这一位数后的结果相加所得的和能被 19 整除时,这个正整数才能被 19 整除。例如,$19 \mid 704\,836$ iff $19 \mid 70\,495$ iff $19 \mid 7059$ iff $19 \mid 723$ iff $19 \mid 78$ iff $19 \mid 23$ iff $19 \mid 8$[①]。由于最后一项整除性 $19 \mid 8$ 显然不成立,因此 704 836 不能被 19 整除。

19

---

① 这里的竖线"|"表示整除性,例如"$19 \mid 704\,836$"表示"704 836 能被 19 整除"或者"19 是 704 836 的一个因数"。——译注

20 $[2^2 \times 5]$

在一局国际象棋中，双方棋手都各有 20 种可能的开局走法：8 枚卒中的任何一枚都可以向前移动一格或两格，而两枚马中的任何一枚都可以向前移动两格并向左或向右移动一格。（用标准的国际象棋记号法来表示，白方的可能走法有 a3、a4、b3、b4、c3、c4、d3、d4、e3、e4、f3、f4、g3、g4、h3、h4、Na3、Nc3、Nf3 和 Nh3。）这 20 种可能的走法中，有 4 种是马（knight）的走法——标注为 N，因为 K 已经用来表示王（king）了——而另外 16 种则是卒的走法，它们的地位如此卑微，以至于现代记号法中没有给它们指定一个字母。

▽

20 这个数还出现在游戏和音乐世界中的其他地方，"20 个问题"游戏①就是其中明显的一例。

▽

"龙与地下城"（Dungeons & Dragons）游戏使用一个每个人都能看到

---

① "20 个问题"（20 Questions）游戏的玩法是：一个人先默想一个答案，可以是名人、动物或任何其他事物，然后其他人最多问他 20 个只能回答"是"或"否"的问题，根据他的回答来猜出答案。——译注

的 20 面骰子(一个二十面体),而布克曼(Abe Bookman)在 1946 年发明的"魔力 8 号球"(Magic 8 – Ball)所依赖的则是一个悬浮在球内蓝色液体中的二十面体。你向这个球提出一个问题,然后摇晃它,接着就坐等答案从这个球上的窗口浮现出来。它的 20 个标准答案如下:

迹象表明是的	是的
回复模糊不清,再试一次	毫无疑问
我的消息来源说不	在我看来,是的
你可以依赖它	前景不太好
全神贯注,再问一次	必然是这样的
现在最好还是不要告诉你	非常可疑
是的——明确无疑	这是肯定的
现在无法预言	非常可能
稍后再问	我的回答是否定的
前景很好	别指望它

▽

有一种更加诡异的二十面体结构出现在许多病毒的中心,因发现 DNA 的双螺旋结构而成名的克里克(Francis Crick)和沃森(James Watson)于 1956 年首先提出了这一猜想。

▽

20 这个数总是被认为是一个可以充当计数系统基数的数字,这是因为它与人体的手指与脚趾数总和是一致的。在以前的英国货币系统中,20 先令构成一英镑。

▽

在不用公制单位的世界里,20/20 视力是正常视力的标准,意思是你在 20 英尺（约 6 米）远处看到的就是你在正常情况下应该看到的——以此类推，20/60 视力就表示一个视力正常的人在 60 英尺（约 18 米）距离处能看到的东西，你得在 20 英尺处才能看到。在使用米制的世界里，同样的概念常常表述为 6/6 视力，其中的 6 表示 6 米。

尽管 20/20 视力是人们所希望的视力，但是倘若某人被描述为"20/20 hindsight"（即"事后诸葛亮"），那就几乎不会是一种赞许了。显然，要真正具有先见之明，你就得在知道结果之前作出决定。

21 [3 ×7]

21 这个数可因数分解为两个素数,富兰克林·罗斯福显然不会对此视而不见。当罗斯福于 1933 年走马上任时,总统的常规任务之一是要设定黄金价格。这听起来很怪异,难道不是吗? 当你听说下面这件事时,你会觉得更加怪异:有一次罗斯福提出将黄金价格提高 21 美分……理由是 21 是 7 的三倍,因此是一个幸运数字。(我们可以猜想,考虑到罗斯福对 13 这个数的传奇式的恐惧,想必他从未将黄金价格提升 13 美分。参见关于 13 的那个章节。)事实证明,从某种意义上来说,21 在罗斯福政府内部确实是一个幸运数字,因为 1933 年 12 月正式通过的第 21 宪法修正案废止了禁酒令。如今,在美国 50 个州的任何一州饮酒都是合法的——前提当然是你已年满 21 岁。

▽

21 点牌戏也被称为"黑杰克"。它得名的原因是赌徒要想办法尽量接近 21 点(例如拿到一张 A 和一张人头牌)而又不超过。20 世纪 50 年代声名狼藉的游戏节目《二十一点》(*Twenty One*)中,也使用了同样的想法。游戏参与者们通过回答问题而得分,假如他们觉得自己比对手更接近那个有魔力的总分 21 点,就有停止回答的选择权。其中一些参与者在回答问题时异常机智,并且在玩 21 点游戏时也精确得出奇,但不出几年就有消息透露,这整个演出都是事先安排好的,就如同那个时代中的许多其他智力竞技节目一样。1994 年的影片《机智问答》(*Quiz Show*)中特别关注了《二十一点》节目。至于《决胜 21 点》这部电影,嗯,其焦点就集中于 21 点牌戏,电影情节只是松散地基于麦兹里奇(Ben Mezrich)的《博得众彩》(*Bringing Down the House*)一书,即几个麻省理工学院的本科生利用一种数牌体系在拉斯维加斯大赚赌金的故事。

《机智问答》和《决胜 21 点》提供了一对伴随着它们对称式背景而来的对称式失误。前一部电影中将杰克·巴里(Jack Barry)塑造为《二十一点》游戏节目的主持人,而时间正是 1958 年夏天这档智力竞争节目丑闻爆发的时候。但事实上,那年夏天这档节目的主持人不是别人,正是霍尔。是的,就是那位因"让我们来做笔交易"而出名的霍尔。如今他已经由于霍尔悖论而在数学中留下了永久的痕迹,我们在关于 3 的那个章节中介绍过这个悖论。而《决胜 21 点》则在开头阶段,就由史派西(Kevin Spacey)扮演的教授向当时的明星学生、后来的明星赌徒坎贝尔(Ben Campbell)提出了这个问题。虽然后者正确地搞清了这个悖论,并指出赢得奖品的几率会从 33.3% 变成 66.7%(参见关于 3 的那个章节),但是对小数和百分比的笨拙使用给人的感觉是,导演仿佛是决心要为他的观众们去掉讨厌的分数。用那本真正的定量推理指南《数字怎么说》(*What the Numbers Say*)一书的作者之一博伊姆(David Boyum)的话来说:"一位麻省理工学院的数学奇才会说 33.3% 和 66.7%,而不是采用正确的说法 $\frac{1}{3}$ 和 $\frac{2}{3}$,这件事发生的几率是 0.0%。"至少《决胜 21 点》设法挽回了局面,在坎贝尔的 21 岁生日蛋糕上裱上了数列 1,1,2,3,5,8,13,…,充分认识到 21 是斐波那契数列中的下一个数。

▽

21 这个数还出现在游戏和比赛世界中的其他地方。以前,在一局乒乓球比赛中,首先获得 21 分的一方选手获胜(现在已改为 11 分)。在马蹄铁游戏①中也采用同样的计分规则,直到1982年这种21分的比赛形式才被正式废弃,取而代之的是一种40分的比赛形式。21也是一粒标准骰子上的总点数,即从1到6这些数字相加的总和。用数学术语来表示是$21 = T_6$,即第六个三角形数。

▽

每一年,美国国家飓风中心都为暴风雨季节取好21个正式的飓风名称。

一般而言,名叫昆廷(Quentin)、厄普顿(Upton)、泽维尔(Xavier)、伊冯(Yvonne)和塞尔达(Zelda)的人永远不必担心会出现根据他们的名字来命名的飓风,因为它们表示的五个字母是国家飓风中心略过不用的,而它们被省略的理由是以这些字母开头的名字不够多。

▽

将一个正方形分成4个较小的正方形是很容易的,但是假如你规定其中任何两个较小正方形的大小都不能相同,那么你就至少需要21个正

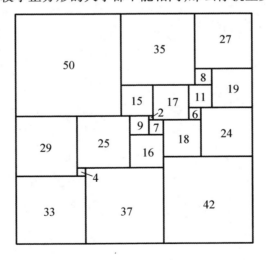

①　马蹄铁游戏是一种类似套环游戏的室外体育运动,比赛形式是双方交替向目标木桩投掷马蹄铁,马蹄铁套住木桩或接近木桩可得到不同的分数。——译注

方形才能完成这一剖分。事实证明这样的最小剖分方式只有一种（不计由旋转和反射带来的不同），即此处所给出的这种。这是杜伊杰斯廷（A. J. W. Duijvestijn）于 1978 年发现的。

22 [2×11]

将一个正整数表示为几个正整数之和的过程被称为分拆。在分拆理论中有好几处出现了 22 这个数。例如,8 这个数恰好有 22 种分拆方式,从 1 +1 +1 +1 +1 +1 +1 +1 开始,以 8 本身结束。22 的下面这对分拆方式也许更加有趣:

$$22 = 4 +5 +6 +7$$
$$22 = 1 +4 +7 +10$$

在上面一行中,相加的四个数彼此相差 1。在下面一行加法中的四个数彼此相差 3。22 这个数是能以两种方式写成几个等间隔整数之和的最小数字。

更加有趣的是 22 的下面这三种分拆方式:

$$22 = 3 +3 +4 +12$$
$$22 = 2 +5 +5 +10$$
$$22 = 2 +4 +8 +8$$

在每种情况下,各分拆成员的倒数和都等于 1:$\frac{1}{3} + \frac{1}{3} + \frac{1}{4} + \frac{1}{12} = 1$,而其他两个也有同样的等式。这类分拆有时被称为"恰当分拆",而 22 是具有不止一种恰当分拆方式的最小数字。

除了数论以外,分拆在对粒子体系的分析中也发挥着作用。单个粒子的能级表现为指数形式,然后在计算一个热力学封闭系统的能量时将这些能级相加。这时"配分函数"一词表示的意思有所不同,不过根本问题仍然会是将一个正整数表示为一堆较小的正整数。

▽

我们现在来谈谈几种不同类型的分拆,尽管高卢以恰好分成三个部分而出名,但当今的法国却被分成了从阿尔萨斯到上诺曼底的 22 个区域。

▽

凑巧的是,用 6 根相交的直线或 5 个相交的圆,也最多能将平面分成 22 块,如下图所示。不知怎的,这两幅图看起来都不怎么像法国。在这样的作图过程中,某些区域最后总是不可避免地比其他区域大得多(至少我画出的这两幅是如此)。请注意,右手边这幅图中的第 22 个区域是在所有五个圈之外的那块面积。一般而言,n 条直线最多可以将平面分成 $\frac{1}{2}(n^2 + n + 2)$ 个部分,而 n 个圆则最多能将平面分成 $n^2 - n + 2$ 个部分。

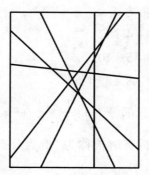
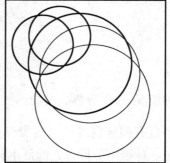

在初等数学中,22 这个数最著名的身份是作为 $\frac{22}{7}$ 的分子,而这个分数是最常用的 π 的近似值。不过,仔细听听这个:在美国,男式帽子的尺寸为 7,实际上对应的是女士帽子尺寸的 22,这是因为女式帽子的大小一般给出的是其内侧吸汗带的周长,而男式帽子的尺寸则是将这条吸汗带重新整形成正圆形时它的直径。于是 22 和 7 的对应关系就在预料之中了,因为根据定义,π 就等于将一个圆的周长除以其直径。

▽

下面的这幅图仅使用从 1 到 22 的数,并且具有一种值得注意的特征:其中任何用一根直线连接起来的两个数之和都等于一个素数。

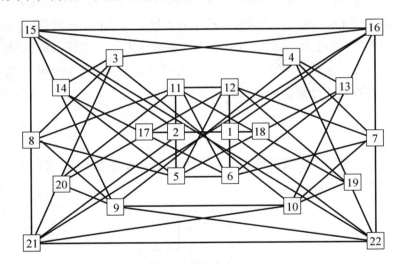

▽

自从海勒(Joseph Heller)1961 年出版那部突破性的小说以来,《第 22 条军规》(*Catch - 22*)也许就成了 22 这个数在现代文化中最具有辨识度的应用。尽管如此,"第 22 条军规"这一表述仍然由于其中完全没有 22

的意思而令人失望。显然海勒的书最初被称为《第 18 条军规》,后来考虑到尤里斯(Leon Uris)的《米拉 18》(*Mila 18*)而改了标题。后者是一部关于华沙犹太人聚集区起义的小说,也在 1961 年出版。像 11、14 和 17 这样的数字都被提出过,最终又遭到否定。不过,这些都不打紧。在《第 22 条军规》一书中,只有发疯的飞行员才有机会避免参加某些战斗任务,但是他们只要意识到这些任务的极端危险性,就会被认为是理性思想在起作用,因而他们就没有发疯。如今,我们可以用"第 22 条军规"来描述各种各样注定会失败的情况。

▽

板球场地的长度为 22 码(约 20 米),等同于 1 冈特测链(Gunter's chain,请参见关于 66 的章节)的长度,也相当于 1 弗隆(furlong)的十分之一。弗隆是"犁沟长度"(furrow long)的缩写形式,因为这些和其他一些早期的度量单位一样,都是在农田耕作的背景下出现的。古时候,一条长度为 1 弗隆、宽度为 1 测链(chain)的土地被称为 1 撒克逊条亩,它与现代的 1 英亩(约 4047 平方米)具有相同的平方英尺数(43 560 平方英尺),但是仅限于度量这些特殊的长方形面积。

▽

立方体希腊十字架是将 5 个立方体合在一起而构成的,或者也可以说是用 22 个正方形组合而成的。

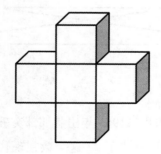

▽

　　最后,前 22 个正整数的乘积,写成 22! 的形式,是一个 22 位的数 1 124 000 727 777 607 680 000。事实表明,22、23 和 24 是仅有的几个 $n!$ 恰好有 n 位数的正整数 n(除了 $n=1$ 这种不值一提的情况以外)。

22

109

23 [素数, $2^3 + 3^2 + 2 \times 3$]

1900 年, 20 世纪伊始, 当德国数学家希尔伯特 (David Hilbert, 1862—1943) 提出 23 个未解问题, 并以此作为向他的同行们提出的一项挑战时, 23 这个数就被赋予了一个在数学历史上经久不衰的地位。可以从以下这一侧面来说明这 23 个问题之困难程度。其中最容易的问题是: 给定任意两个体积相等的多面体 (比如说下图中的立方体和四面体), 是否有可能将第一个多面体剖分成有限多个多面体, 然后能将它们重新排列而构成第二个多面体?

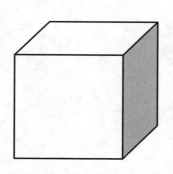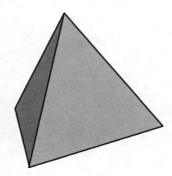

希尔伯特的学生德恩 (Max Dehn) 在短短一年后就给出了否定的答案。希尔伯特虽然觉察到应该有这个结论, 不过他清楚地知道, 就如你现在心知肚明的, 这样的剖分和重新排列对于多边形——二维图形——来

说总是可能实现的。（19世纪初提出的鲍耶-格温定理。）

希尔伯特问题中最著名的可能是第2题，问的是能否证明运算定律（即皮亚诺公理）是内在相容的。1931年出现的哥德尔不完备性定理在某种形式上为这个问题提供了一个答案。这条定理的结论是没有任何运算的公理系统会是完备的，数学界为之震撼。与命题逻辑不同（p 就意味着 q 及同类的其他一切），任何建立在公理基础上的运算系统总是会产生根据这些公理成立、但是同样用这些公理却无法证明的陈述。因此，假如你想要证明皮亚诺运算是相容的，那么祝你好运，但是你在皮亚诺运算自身内部是无法做到这一点的。

哥德尔不完备性定理（实际上是一系列定理，不过我们不会麻烦你去对他的各种成果加以区分）的证明的核心是数学记号和表达式的一个编码系统（称为哥德尔数），以及创造出的一些具有矛盾内涵的自引证陈述。在关于19的那一章节中的贝里悖论为这样的陈述会如何运作提供了一种让我们能品味一下的例子。我们现在来考虑逻辑学家斯穆里安（Raymond Smullyan）在《牛津逻辑指南》（*Oxford Logic Guide*）丛书中所撰写的《哥德尔不完备性定理》（*Gödel's Incompleteness Theorems*）中讲述的一道谜题：

首先想象有一个居住着君子和小人这两类居民的岛屿，那里的君子们只说真话，而小人们则只说谎话。正如斯穆里安所指出的："没有任何一位居民能够声称他不是一位君子（因为君子永远不会作出这样一个虚假的声明，而小人也永远不会作出这样一个真实的声明）。"当一位逻辑学家——他永远不相信任何虚假的事情——到访这个岛屿并遇到一位当地人时，事情变得复杂了。这位当地人说出了这样一句令人惊奇的声明："你永远不会相信我是一位君子。"我会让斯穆里安来告诉你接下去发生的事情：

"假如这位当地人是一个小人，那么他的陈述就会是虚假的，而这就意味着这位逻辑学家会相信这位当地人是一位君子，这与逻辑学家永远不相信任何虚假的事情这一假设发生了矛盾。因此，这位当地人就必定是一位君子。随后得到的进一步结论是，这位当地人的陈述是真实的，而且这位逻辑学家因此永远无法相信这位当地人是一位君子。于是,由于这位当地人确实是一位君子,并且逻辑学家只相信真实的陈述,因此他也就永远不会相信这位当地人是一个小人。结果是,这位逻辑学家对于这位当地人是君子还是小人,必定永远保持着一种举棋不定的状态。"

哥德尔定理令人困惑的程度足以引起数学家、哲学家和神学家之类的人的误用。瑞典逻辑学家弗兰森(Torkel Franzen)曾列举和分析过像这样的一些胡说八道:"哥德尔定理表明圣经既不前后一致,也不完备","根据哥德尔不完备性定理,所有信息都是内在不完备和自引证的",甚至还有"通过将存在和意识等同起来,我们就可以将哥德尔不完备性定理应用于进化现象"这种说法。不过,哥德尔的成果也帮助数学家们具体证明了计算、集合论,甚至解答丢番图方程的算法中的各种命题的不可判定性。

希尔伯特的问题中最难的一个可能是黎曼假设。你听说过这个问题吗? 仅仅由于它所提出的令人望而却步的挑战,就令它在大众媒体中占据了一席之地。不过从技术上来讲,这是一个关于被称为黎曼 ζ 函数的复变函数何时取值为零的猜想:虽然现已证明前十亿多个"零"都位于二维空间中的一条特殊的线上,但是要有一条覆盖所有零的定理出现,才会使数学家们开心。虽然黎曼假设是以复数(例如,高中里所谓的虚数,这些数中含有令人畏惧的 $i = \sqrt{-1}$)的形式来表达的,但是它的主要应用却是完善人们对于素数分布的理解。当希尔伯特说出下面这令人难忘的 23 个单词时,他似乎已明白这个问题棘手的固有本质:"If I were to awaken after having slept for a thousand years, my first question would be: Has the Riemann Hypothesis been proven?"①

而希尔伯特也不是唯一有此疑惑的人。看过电影《美丽心灵》(*A Beautiful Mind*)的人也许会想起一个发生在后院的场景,其时主角纳什

---

① 这句话的意思是:"假如我在沉睡一千年后苏醒,我的第一个问题将会是:黎曼假设得到证明了吗?"——译注

（John Nash）告诉一位来访的数学家同行说,他正在研究黎曼假设。摄像机跟随着这位来访者的双眼移到一个笔记本上,里面的内容只是一个偏执型精神分裂症患者随意乱写的潦草涂鸦,其中当然没有任何接近解答高等数学圣杯之一的东西。这位来访者翻了个白眼,而且截至本文写作时为止,这个问题仍然悬而未决。碰巧的是,纳什对于 23 这个数也有着一种特殊的喜好。他最富于灵感的妄想之一是认为《生活》(Life)杂志刊登了一篇关于他的报道,他在其中被装扮成教皇约翰二十三世(Pope John XXIII),而纳什最初出现精神分裂症状正是在这位教皇的任期(1958—1963)之中。

▽

这里有一个奇特的问题:由于我们现在正在讨论23,因此我们不用去数就知道下面这个序列中含有 23 个字母。不过,它表示的是什么意思呢?还有,为什么其中漏掉了三个字母呢?（请参见答案。）

O N E T W H R F U I V S X G L Y D A M B Q P C

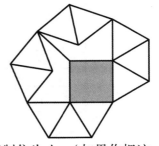

▽

这里还有一个更为奇特的问题:假如你从一个正方形开始,为了将这个正方形的位置固定死,你就需要 23 根长度相等的线段——想象这个正方形是使用牙签搭成的,随后用完全相同的牙签环绕在其周围,直到它的移动完全被限制住为止。（如果你把这幅图转过 45 度的话,就能看出它的对称性。）

▽

最后,23 这个数在所谓的生日悖论中发挥着决定性的作用。该悖论是对这样一个问题的回答:你必须要将多少人聚集在一起,才能确保这些人之中有相同生日的概率超过二分之一? 答案——只需要 23 个人——看起来似乎小到不可思议。毕竟,你需要在一个房间里聚集 367 个人,出现相同生日的概率才能达到 100%。（这是鸽巢原理的一个简单应用——参见关于 37 的章节。）生日悖论常常在解释之后仍然会令人觉得有悖直觉，不过我会放手一试：

这个数值如此之低的原因就在于，你并不指望任意两个特定的人生日匹配，你也不在意这个相同的生日恰好落在哪个日期。任何匹配方式都可以。想象将 23 件物体放进 365 个盒子。有许许多多的放置方式都可以做到没有任何两个物体被放入同一个盒子（365 × 364 × … × 343）。然而，也有许许多多放置这些物体的方式可以做到有两个或更多物体最后确实出现在同一个盒子里。首先随机选择其中任意两个物体，并将它们放入盒子 1，然后将余下的 21 个物体分发到另外 363 个盒子里，以此类推。当一切安排停当时，23 个物体就足以创造出 50% 的概率使某个盒子中有多于一个物体。下面这张走势图明示了相同生日的概率在 23 时跨过了 50% 的门槛，并在由 60 或更多人构成的群体中实质上已接近必然。

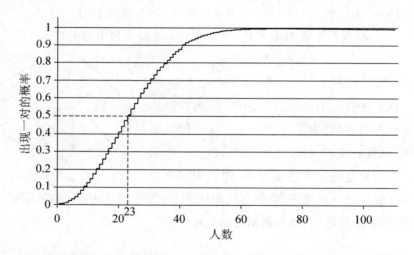

关于生日悖论的最具权威性的断言应属于斯穆里安，前文刚刚以逻辑学家的身份介绍过他，但他也精通数学的其他一些分支。这里是我在撰写此书的过程中，收到他发来的信件片段：

当时我正在普林斯顿大学教授一门概率课程，并且在某个时刻，我告诉全班说,假如一个房间里有超过 23 个人,那么其中至少有两人生日相同的概率就超过 50%。随后我又告诉他们,既然现在这个教室里只有 19 个学生,因此其中有两人生日相同的几率就极小了。然后有一个学生说道:"我跟你赌二十五美分,我们之中有两个人生日相同!"我考虑了一下这件事后说道:"哦,当然啦!除了你自己的生日以外,你还知道这里某个人的生日!"他回答:"我可以向你保证,我不知道这里除了我自己以外任何人的生日。尽管如此,我仍然会跟你打赌,我们之中至少有两个人生日相同。"好吧,我想我要教会他认识到他的方法的错误,因此我接受了这个赌局。然后我一个一个地依次询问他们的生日,但是在某一刻,我突然意识到其中有两个学生是双胞胎!好家伙,全班哄堂大笑起来!于是我说:"这真正说明了纯理论在没有得到经验观察支持前是毫无价值的!"

24 $[2^3 \times 3]$

24 这个数出现在人类的一些最古老的游戏中。双陆棋的棋盘上有 24 个点,其中一个点就是那些使棋盘看起来具有特殊外观的细长三角形之一。而九子直棋中也有 24 个点,这种游戏如此古老,以至于在莎士比亚的《仲夏夜之梦》(*A Midsummer Night's Dream*)中就提到了它的流行程度日渐衰微。

▽

当然,24 这个数还与计时相关。人人都知道一天有 24 个小时。并不是人人都知道每秒 24 帧画面是电影业中长期以来的一种标准帧频。

▽

当你将运动与计时交织在一起时,你必定会想到 24 秒计时器。这是美国男子职业篮球联赛中自 1954—1955 赛季以来所使用的一种设备。这种计时器是曾任锡拉丘兹民族队特许经营老板的比亚索恩(Danny Biasone)的创意。其目的是要提高投篮和得分。比亚索恩估算出平均每场 NBA 比赛总共会出现 120 次投篮,或者说在 48 分钟内每 24 秒投篮一次。他清楚地认识到,大多数持球过程都不会用完 24 秒,因此采用 24 秒计时器就必然会导致更多的投篮,也就会出现更多的得分,而这正是后来所发生的。自从采用了这种投篮计时器以来,比赛最低分就出现在那一年——1955 年——波士顿凯尔特人队以 62∶57 的比分击败密尔沃基老鹰队。尽管现代比赛中强调严密防守,但是 3 分远投的出现使这一纪录被打破的可能极小,更不必说活塞队—湖人队创下的历史最低纪录 19∶18 了(即 1950 年韦恩堡活塞队战胜明尼阿波利斯湖人队的那场比赛)。

▽

24 是前四个正整数的乘积,通常把它写成 4!。无可否认,这个感叹号出现在上句话的句末时看起来很愚蠢。这有点像"今天我观看了 *Jeopardy*!①"这种写法。假如读者不知道这个感叹号是标题的一个组成部分,那么看起来就好像你对于观看了一档电视节目感到非常非常激动。我的意思是 4! ——读作"4 的阶乘",意思是小于及等于 4 的 4 个正整数的乘积——等于 24。

对于任意的 n,n 的阶乘总是定义为所有小于及等于 n 的正整数的乘积,而它恰好与排列 n 个物体的方式数相等:有 n 种方式来放置第一个物体,$n-1$ 种方式来放置第二个物体,以此类推。具体而言,有 24 种方式来排列 4 个物体。来看排列 4 个字母 O、P、S、T 的例子。在下面的排列中,第一列中的 6 项全都是英语单词,而且事实上选择任何其他 4 个字母都不会产生 6 个以上的英语单词。

OPTS	OPST	OSTP	OSPT
POST	OTSP	OTPS	PSOT
POTS	PSTO	PTOS	PTSO
SPOT	SOPT	SOTP	SPTO
STOP	STPO	TOSP	TPOS
TOPS	TPSO	TSOP	TSPO

---

① "*Jeopardy*!"是美国哥伦比亚广播公司的一档智力问答游戏节目,中文通常译为《危险边缘》。——译注

　　由 4 个字母构成的有序集合的概念可以再进一步, 引出一个貌似可信的(但是没有得到词典认可的)单词 ANTITRINITARIANIST——某个反对三位一体这一基督教信条的人。为了看出这个"单词"的特殊之处, 请注意"信条"(doctrine)一词中含有上述单词中按原序出现的 TRIN。"三位一体"(Trinity)这个单词也是以 TRIN 开头, 但还包含着 RINT 和 RNIT 这两个序列, 尽管字母不是连续地排列的。那么, 假如你对 ANTITRINITARIANIST 一词观察得足够仔细, 你就会发现 I、N、R、T 这 4 个字母的全部 24 种排列方式都潜在其中的某处。

　　24 可以表示为 IV × VI 的乘积形式, 这是一个罗马数字回文。

　　为了得出 24 这个数最值得注意的几个性质之一, 首先将 1 的平方和 2 的平方相加。你应该会得到 $1 + 4 = 5$。现在再从 1 的平方加到 3 的平方。你得到的是 $1 + 4 + 9 = 14$。请注意, 5 和 14 都不是完全平方数, 而且也没有任何理由表明它们应该是完全平方数。直到你将前 24 个平方数相加, 你才得到了一个完全平方数:

$$1^2 + 2^2 \cdots + 23^2 + 24^2 = 4\,900 = 70^2 .$$

　　上述情况在数学文献中通常被称为"炮弹问题"。假如你排列出一个每边由 24 个炮弹构成的正方形, 然后在这些炮弹上叠放一个每边由 23 个炮弹构成的内层正方形, 你可以不断继续叠放上去, 直到你构造出一个金字塔为止, 而这个金字塔中的炮弹总数就是一个完全平方数。其中的美妙之处在于, 24 不仅是可以形成这种结构的第一个数(除了 1 以外), 也是最后一个。

　　一个立方体有 24 种转动方式:6 个面每面都有 4 种。从一个正方形开始,将其每条边制成凸形、凹形啮合口或完全不做啮合口,也恰好能制作出 24 种锯齿形拼图。

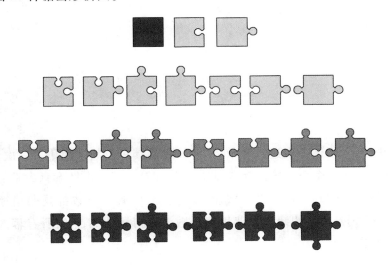

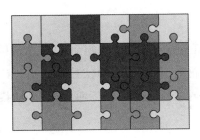

　　有 2 个啮合口的共有 7 种(单面)。我很幸运地找到了 4 个角度。这 24 片可以全部连锁在一起而构成一个 4×6 的矩形。

25 [5²]

由于用 5² 这个表达式表示 25 时恰好将其每位数字都用了一次,因此 25 被称为一个弗里德曼数,以此向佛罗里达州德兰市斯泰森大学的弗里德曼(Erich Friedman)表示敬意。不消说,所有一位数都是弗里德曼数,但 25 则是最小的两位数弗里德曼数。有猜测认为,5 的所有幂次都是弗里德曼数。

▽

当我们取 25 的任何次幂时,结果得到的数总是以 25 结尾。这样的数被称为"自守数",而 25 是最小的两位数自守数。(一位数的自守数是 1、5、6。)当且仅当一个数以 25、50、75 或 00 结尾时,这个数才能被 25 整除。

▽

25 这个数是等于两个平方数之和的最小平方数,这就意味着它是可能的最小毕达哥拉斯三元数组(3,4,5)中的斜边的平方。它也是另一个以出现连续整数为特征的三元数组(7,24,25)中的斜边。

纸牌游戏 25 被视为爱尔兰的国粹。右下图所描画的这种十字游戏（Pachisi）风靡印度全国，而"pachisi"在印地语里就表示"25"。对弈者的起点和终点都是中间那个被称为"Charkoni"的正方形区域。请注意，这个棋盘的四个伸展部分都有 3×8＝24 个插槽，因此你总共要移动 25 格才能返回到"Charkoni"，游戏中用掷骰子的方式（请不要问为什么）来滚动几枚玛瑙贝，以此确定如何移动棋子，而 25 恰好就是滚动这些玛瑙贝所能产生的最大值。

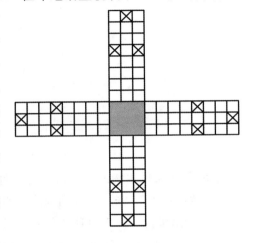

25

一张标准的宾果①卡有 25 个空格，其中 24 个空格中有数字占据着。

---

① 宾果（Bingo）是一种填写格子的游戏，游戏中第一个成功者喊"Bingo"表示取胜，因此得名。——译注

26 [2×13]

26 作为某件事物的一半比作为某件事物本身更加出名。26 个星期构成了半年，而 26 张扑克牌则构成了半副牌，这正是你从上面的因数分解中能看出来的。由于每种花色的牌都有 13 张，因此任何两种花色加在一起就是 2×13＝26 张牌。或者在桥牌比赛中，双方开始时都总共有 26 张牌。这仍然是半副牌。

▽

2×13＝26 这个等式也出现在槌球运动中。这种比赛的标准形式是用两个球来玩的，每个球都能产生 13 分：12 个铁环门和 1 个中心标杆。因此槌球比赛获胜方的总分为 26 分。

▽

假如你用 26 减去 1，你就得到 25，这是一个完全平方数。假如你用 26 加上 1，你就得到 27，这是一个完全立方数。没有任何其他数以这种形式嵌在一个平方数和一个立方数之间。

▽

说到邻接、纸牌和 26 这个数，请取出一副纸牌。现在随机选取这副牌中的任意两张。你觉得这两张牌相互邻接的概率有多大呢？这个问题假设这些牌都是彻底洗匀的，而这就意味着拆开一副新牌后选出其中的方块 K 和 Q 就是不按规则行事。假设这些牌实际上是随机分布的，那么事实证明你的两张牌相互邻接的可能性恰好就等于 1/26。

$$\triangledown$$

由于英文字母表中有 26 个字母，因此 26 这个数在密码学中发挥着重要的作用。我们先从一种简单的加密技术开始，以树立我们的信心。在下面这句句子中，每个字母都代表着字母表中的一个不同字母：

SGE ZNK LUXIK HK COZN EUA

如果我告诉你，其基本代码是一种老式的移位密码（意思是原始引文中的每个字母都在字母表中向后移动某常数个位置以产生编码后的密文），那么解开这类胡言乱语就变得比较容易了。移位密码的弱点之一在于，其中出现得最频繁的那个字母——在本例中为 K——很可能与英语中最常用的那个字母（也就是 E）相关。果然不出所料，这里的情况正是如此。字母 K 在字母表中排在 E 之后 6 位，因此要破解这段密码，你就必须将每个字母反向移动 6 位，从而得到我们比较熟悉的：

MAY THE FORCE BE WITH YOU

在设置密码的过程中存在着一个小小的诀窍，而这正是 26 粉墨登场的地方。比方说要从 M 转换到 S，就必须向右数 6 位（从字母表中的第 13 个位置移动到第 19 个位置）。这是很显而易见的。不过，为了从 Y 转换到 E（最后一个单词的第一个字母），你就必须从第 25 个字母绕回到第 5 个字母。用数学术语来说，我们是在使用模运算，这个术语在某种程度上使一种直觉上很简单的过程显得复杂了（特别是当你在观察下面这张字母数字表时）。在模运算中，我们说 25 + 6 = 31 与 5 同余（mod 26），这是因为 31 在被 26 除时产生的余数是 5。出于同样的原理，上午 11：00 以后三小时不是 14：00，而是下午 2：00。使用像"模"这样的单词也会令这一过程看起来比实际更凌乱。最基本的是，在使用移位 6 密码时，用字母 E 来对字母 Y 进行编码。

A B C D E F G H I J K L M N O P Q R S T U V W X Y Z
1 2 3 4 5 6 7 8 9 10 11 12 13 14 15 16 17 18 19 20 21 22 23 24 25 26

移位密码的整个行当可追溯到凯撒,他显然偏爱向左移三位——从军事角度来说并不十分复杂,但是请记住,罗马帝国的最主要的对手曾骑着大象越过阿尔卑斯山脉。使用 13 的移位密码可能是最容易转达的,因为你只要将字母表的前一半放在后一半的上方,然后将每一对竖直对齐的字母互换即可。请注意,在这种建构之下,VEX(意为"使人烦恼")这个词意变化并不大,因为它被转变成了 IRK(意为"使人厌烦"),反之亦然。

有许多方法都利用上面这张表格来构建密码。(值得指出的是,A 常常被赋值为 0,于是 Z 就等于 25。)例如,利用模运算,我们可以将"MAY THE FORCE BE WITH YOU"中各字母的值乘以 3,由此得到的密码是"MCW HXO RSBIO FO QAHX WSK"。请注意,在这种方式下,M 被映射为它自身,这是因为 $3 \times 13 = 39 = 13 (\mod 26)$。但是乘以 2 的话就不行,这里有好几个原因。为什么行不通呢?这样说吧,假设字母 N 出现在密码中。N 的数值是 14,也就是 2×7,因此看起来 N 似乎表示的是第 7 个字母 G。可是它所表示的为什么不可能是 T 呢? T 是第 20 个字母,而用 20 去乘以 2 得到的是 40,在减去 26 后绕回来得到的是 14,或者说就是 N。

这里的一般运作原则是,对于乘法密码,你只能乘以与 26 没有公因数的那些数,也就是以下这十二个数:1、3、5、7、9、11、15、17、19、21、23、25。我们说这些数都与 26 互素。(无可否认,用 1 来作为乘数不会产生什么称得上是密码的东西。)对于一个给定的整数 n,小于 n 且与 n 互素的整数的个数用 $\phi(n)$(读作"n 的 phi")来表示。$\phi(n)$ 也被称为欧拉函数(totient function),可以根据公式 $\phi(n) = (n) \prod \left(1 - \dfrac{1}{p}\right)$ 来计算,其中 $\prod$ 是连乘号。而在这个公式表示的乘积中,p 取遍 n 能整除的所有不同素数。在 $n = 26$ 的情况下,2 和 13 是仅有的两个素因数,因此 $\phi(26) = 26 \left(1 - \dfrac{1}{2}\right)\left(1 - \dfrac{1}{13}\right) = 26\left(\dfrac{1}{2}\right)\left(\dfrac{12}{13}\right) = 12$。

26 这个数还有几个与英语的关联。其中之一是,你用"鼹鼠单词"游戏能够创造出的单词数量最多就是 26 个。"鼹鼠单词"是一个可以下载的在线游戏,玩家在这个游戏中要在有限的时间(2 分多钟)内从一组六个字母中创造出所有可能的单词,且其中必须至少包括一个用到全部六个字母的单词。有时候这个六个字母的单词中包含的较短单词寥寥无几,但是在"STRONG MAYORS LOOSEN TENDER BOUGHS"这个临时拼凑起来的句子中,每个单词都能拼出最多 26 个单词(也许"最多"在这里属于打引号的,例如一本拼凑词典肯定会为许多单词产生不同的条目)。

另外,我们也不可能拒绝讨论"Mr. Jock,TV quiz PhD,bags few lynx."这个句子。这句话也许没有什么意义,但它却是将字母表中的每个字母都恰好使用了一次的最佳"句子"之一。

27 [3^3]

27 这个数不仅是一个完全立方数,而且还与它本身的立方有着一种非同寻常的联系。27 的立方等于 19 683,而且假如你将这个数中的各位数字相加就会得到 1 + 9 + 6 + 8 + 3 = 27。凑巧的是,26 也具有同样的特征,但是没有其他任何更大的数具有这一特征了,而且事实上(除了 1 以外)具有这一特征的数只有 8、17、18、26 和 27。这个数列的开头和结尾都是完全立方数,真不错。

▽

这还不是关于 27 这个数唯一完美的事情。在一场完美的棒球比赛中,投手至少要面对 27 名击球手——每局 3 名,一共 9 局。

▽

27 在娱乐与游戏界中还有另一种不同的表现形式,即在三人游戏"石头—剪刀—布"中总共有 27 种可能的结果。这当然只不过是用另一种方式来说 27 等于 3 的立方。

▽

在澳大利亚、新西兰和英国,"风格宾果"卡是 3×9 的矩形,其中第一列中含有 3 个介于 0 到 9 之间的数,以此类推——第九列含有 3 个介于 80 到 89 之间的数。

5					49		63	75	80
		28	34			52	66	77	
6	11					59	69		82

▽

在斯诺克台球赛中,6 个非红色球的分值为 2、3、4、5、6、7(分别对应黄、绿、褐、蓝、粉红、黑)。因此它们的组合分值就是从 2 到 7 的数字之和:27。你能找到另一个两位数,使它等于它的第一位和第二位数字(包括这两个数字在内)之间的所有数相加之和吗?(请参见答案。)

▽

27 速自行车得名的原因是它有 3 条链环和 9 个齿轮,因此从理论上来说你就得到了 3×9 种组合。尽管这在理论上是成立的,但是这些链环/齿轮组合以曲轴臂每转动一圈的距离来看会发生重叠,而这实际上是确定了速率。事实上,一辆 27 速的自行车大约有 15 种可以辨别得出的速率。这一观察结果归功于定量推理书籍《数字怎么说》的作者之一博伊姆。

▽

27 是倒数中出现三位循环小数的最小数字:$\frac{1}{27}=0.037\,037\,037\cdots$。

奇妙的是,37 是下一个(也是仅有的另一个)具有这种性质的数,而 $\frac{1}{37}=0.027\,027\,027\cdots$。这种关联看起来很神秘,然而它的全部含义可由 27×37 = 999 得到解释。一般而言,当且仅当一个数能整除一个由 n 个 9 构成的数串,并且不存在更短的这样的数串时,这个数就具有 n 位循环的小数展开。

28　$[2^2 \times 7]$

人人都知道二月是最短的月份,在平年只有 28 天。这一时间长度的一个好处在于,28 天恰好等于 4 个星期,这就意味着三月份的某一个日期是星期几,那么二月份的对应日期也是同样的星期几。这并不算是多大的方便,但至少每四年中有三年,这个特殊的现象都伴随着我们。

▽

承蒙 28 的作用,日历还有另一个精妙的特色。一般而言,任何两份相差 28 年的日历都必定是完全相同的:由于两个闰年之间相差四年,而一个星期中有 7 天,因此日历的周期每 4 × 7 = 28 年就会自动更新。当然,也存在一些例外的情况,因此请不要写信来提意见。例如,艾略特(T. S. Eliot)出生于 1888 年 9 月 26 日星期三,但他的 28 岁生日却是在 1916 年 9 月 26 日星期二。这是因为中间介入的 1900 年这个世纪年并不是一个闰年。不过,假如没有因这种世纪之交带来的不规律性,上述模式就会继续下去。

▽

让我们歇一口气,想想那种原产于澳大利亚的二十八草鹦鹉。它得名的原因是它的叫声听起来像是数字 28。更巧的是,它的自然栖息地是一个说英语的地区。

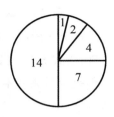

▽

回到数学上来,28 是第二个完全数。它等于它的所有真因数之和:$(1 + 2 + 4 + 7 + 14 = 28)$。

▽

请注意,第一个完全数 6 等于 $2(2^2 - 1)$,而 $28 = 2^2(2^3 - 1)$。古希腊人意识到可以通过这种方式来构建完全数,但是直到 1849 年——在欧拉的一篇他去世后发表的论文中——才揭示出一切偶完全数都必定遵守这一模式:也就是说,假如 p 是一个素数,并且满足 $2^p - 1$ 也是一个素数,那么 $P_n = 2^{(p-1)}(2^p - 1)$ 这个数就是一个完全数。满足 $2^p - 1$ 这一形式的素数被称为"梅森素数",以纪念法国修道士梅森(Marin Mersenne,1588—1648)。前 6 个梅森素数以及它们所产生的完全数罗列在下表中。请注意,其中的完全数变大的速度十分迅速,而且这张清单是否能无限延续下去现在也还不得而知。而是否存在奇完全数,也从未得到揭晓或被证明是不可能的。困难的部分在于这样一个事实:任何偶完全数对于某个 p 都具有形式 $2^{(p-1)}(2^p - 1)$。但这个形式就相当于 $\dfrac{2^p(2^p - 1)}{2}$,即前 $2^p - 1$ 个正整数之和,因此根据定义它就是一个三角形数。

序号	梅森素数	完全数
1	3	6
2	7	28
3	31	496
4	127	8 128
5	8 191	33 550 336
6	131 071	8 589 869 056

28 也是第 4 个六边形数。这个术语的意思与你想象中它会表示的

意思不尽相同,因为它指的是一组相互嵌套的六边形中的组合点数。不过,这个概念确实有助于得出一个非常容易的公式,因为第 n 个六边形数是由公式 $H_n = n(2n-1)$ 给出的。事实证明,每个六边形数都是三角形数(但是反过来并不成立),它们满足 $H_n = T_{2n-1}$。下图中将前 4 个六边形数转换成了第一、三、五、七个三角形数,其中 $28 = T_7$。(请注意,6 和 28 这两个完全数都是三角形数:虽然认为一切偶完全数都必定是三角形数的这种猜想看来略显天真,然而事实却证明这种猜想是正确的,而且甚至还并不太难证明。)

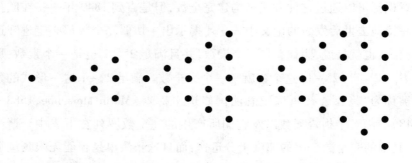

来看看 28 在不同背景下的三角形数属性。一副标准的双六多米诺骨牌恰好有 28 张:将其中的 7 种可能性(1 到 6 以及空白)两两配对,和同种可能性本身配对,于是总计就有 7 + 6 + 5 + 4 + 3 + 2 + 1 = 28 张多米诺骨牌。

29 [素数,(2×9)+(2+9)]

当两个素数之间相差 2 时,它们就被称为孪生素数,而 29 和 31 是第五对这样的素数。前 5 对孪生素数是(3，5)、(5，7)、(11，13)、(17，19)和(29，31)。

许多个世纪以来,数论学家们一直对孪生素数深深着迷,但对它们的了解却出奇地少。最重要的待决问题是,是否存在着无穷多对孪生素数?

1919 年,维戈·布朗(Viggo Brun)朝这个方向上跨出了一小步,他证明了孪生素数在素数的世界中并不特别常见。布朗定理的内容是说:由孪生素数的倒数所构成的无穷级数 $\frac{1}{3} + \frac{1}{5} + \frac{1}{7} + \frac{1}{11} + \frac{1}{13} + \cdots$ 是收敛的,这就意味着由部分和构成的序列 $\frac{1}{3}, \frac{1}{3} + \frac{1}{5}, \frac{1}{3} + \frac{1}{5} + \frac{1}{7} \cdots$ 将会逼近一个固定的极限。(这个被称为布朗常数的极限是一个在 1.902 左右的数。)

对于那些从未见过由所有正整数的倒数之和构成的调和级数 $\frac{1}{2} + \frac{1}{3} + \frac{1}{4} + \frac{1}{5} + \cdots$ 的人来说,布朗的结论也许看起来很不起眼。调和级数是发散的,这就意味着如果你计算得足够多的话,由部分和构成的序列就会超过某个固定的数。然而布朗却证明了由孪生素数的倒数所构成的部分和是收敛的——无论它们的数量是不是无穷多个。

布朗作为一位挪威人应该会非常熟悉由 29 个字母构成的字母表。这种字母表在 1917 年获得官方认可,并且几乎已成为斯堪的纳维亚半岛其余各地的标准:它们是在传统的 26 个字母构成的拉丁字母表上再加上 3 个特殊元音。

▽

假如是在测量员格林(A. P. Green)管辖之下的话,加利福尼亚州的二十九棕榈城也许会有一个不同的名字。在 1858 年的一次测量过程中,格林发现如今的马拉绿洲周围只有 26 棵棕榈树环绕,比 1855 年未经确认的数量要少 3 棵。现在,二十九棕榈城最出名之处是世界最大的海军基地以及约书亚树国家公园,这个公园因 U2 乐队的那张里程碑式专辑《约书亚树》(*The Joshua Tree*)而名留青史。

▽

共有 29 种不同的五联立方体——将五个立方体的各面相连而构造出来的物体。虽然可以将 12 片二维的五格拼板排列构成各种不同的矩形(参见关于 12 的章节),但是 29 块五联立方体却不可能构成一个三维的长方体或长柱体。你明白为什么是这样吗?(请参见答案。)

▽

莱邦博骨被许多人认为是历史上最古老的数学手工制品。这根骨头是 20 世纪 70 年代期间从非洲斯威士兰的莱邦博山脉中发掘出来的。它是一根狒狒的胫骨,年代大约是公元前 30 000 年,在其上刻有 29 条凹痕。虽然这根骨头的确切用途还是一个有争议的问题,但是它很像是在许多原始文明中使用的计数棒或日历棒。有些考古学家推测,上面的这些标记与 29 天的月亮周期或月经周期相关。

▽

2 月 29 日是闰日,本质上每四年出现一次。闰年的概念可追溯到公元前 45 年,当时凯撒遵照亚历山大城的天文学家索西琴尼(Sosigenes)的意见,下令调整日历。这是由于地球绕太阳运行一周所花费的时间是 365.24 天这样一个事实。当时 2 月是一年中的最后一个月份,因此就为这额外的一天腾出了地方,只不过一开始是放在这个月的第 24 天。随着几个世纪的变迁,2 月 29 日的地位变得越来越稳固。根据一则苏格兰民间传说,该国的议会在 1288 年通过了一条法律,确定 2 月 29 日为女性可以向男性求婚的唯一日子。在爱尔兰,据说圣帕特里克(St. Patrick)拒绝了圣布里奇特(St. Bridget)在 2 月 29 日提出的求婚,但是并没有多少证据支持这一说法。现代的闰年标准是在 16 世纪初由教皇格里高利十三世(Pope Gregory XIII)确定的:在格里历中,凡是能被 4 整除的年份都是闰年,但是要除去像 1900 年这样不能被 400 整除的,以及——尽管至今还未发生!——不能被 4000 整除的世纪年。

30　[2×3×5]

　　法国游戏公司"技高迷客"出品的堆叠游戏攻顶棋由 30 个木制球构成：15 个浅色球和 15 个深色球。在玩这个游戏时，这些球被放置成四层，从最底层的 4×4 阵列开始，以最上层的单个球结束。用数学的术语来说，30 是一个方棱锥数，这个名字表示的是对于某个 n 值，任何能够表示为前 n 个平方数之和的数——在本例中 $n=4$。

▽

　　一个圆有 360 度，钟面上有 12 小时，因此任意两个相邻小时刻度之间的间隔是 $\frac{360}{12}=30$ 度。不过，在三维空间中，事物发生了变化。由于地球这颗行星自转一周的时间是 24 小时，而不是钟面上的 12 小时，因此经度上的 30 度实际上表示的是两小时，而不是一小时。

▽

　　假如一个直角三角形中的一个角是 30 度，那么这个角的对边的长度就等于斜边的一半。

将 1 到 6 这 6 个数字排列在一个十字图形上，并沿线折叠成一个立方体，总共就可以制作出 30 个互不相同的骰子。标准骰子的对应两面之和都等于 7，在图中用灰色表示，而第九个十字图形则对换了 3 和 4 的位置。

第一行：
```
 2         2         2         2         2         2
3 1 4     3 1 5     3 1 6     3 1 6     3 1 4     3 1 5
 5         4         4         5         6         6
 6         6         5         4         5         4
```

第二行：
```
 2         2         2         2         2         2
4 1 5     4 1 6     4 1 3     4 1 3     4 1 5     4 1 6
 3         3         5         6         6         5
 6         5         6         5         3         3
```

第三行：
```
 2         2         2         2         2         2
5 1 4     5 1 6     5 1 3     5 1 6     5 1 3     5 1 4
 3         3         4         4         6         6
 6         4         6         3         4         3
```

第四行：
```
 2         2         2         2         2         2
6 1 4     6 1 5     6 1 3     6 1 3     6 1 5     6 1 4
 3         3         4         5         4         5
 5         4         5         4         3         3
```

第五行：
```
 3         3         3         3         3         3
4 1 6     4 1 5     5 1 6     5 1 4     6 1 5     6 1 4
 5         6         4         6         4         5
 2         2         2         2         2         2
```

任何小于 30 且与 30 互素（即没有公因数）的数，其本身也必定是一个素数。没有任何大于 30 的数具有这一特征——例如，32 就不成立，因为 15 小于 32 并且与 32 没有公因数，但 15 不是一个素数。

30 具有这一特殊性质的原因在于,它等于开头三个素数之积。请注意,这一特性不能推广到 210(开头四个素数之积),因为 210 超过了像 143(11×13)这样的素数之积,而它们显然与 210 没有公因数。

▽

30 曾一度用来表示一篇通讯社报道的结束。使用 30 的确切原因不得而知,但是有人将此归结为罗马数字 XXX(即 30)以及 "*fertig*"(德语中表示"完成"或"就绪"的单词)。

▽

30 是 6、7、8、9 这 4 个连续整数之和。这也许并没有什么特别之处,不过这一加法过程确实有些应用,请看甲壳虫乐队的《白色专辑》(*White Album*),这张双唱片的四面分别录有 8、9、7、6 首歌。

31　[素数]

正如我们在关于 28 那个章节中已经看到的,梅森素数是指具有 $2^p - 1$ 这一形式的素数,其中的 p 也是素数。若 $p = 5$,则 $2^p - 1 = 31$,从而使 31 成为排在 3 和 7 之后的第三个梅森素数。

具有 $2^p - 1$ 这种形式的数字在解决上图所描述的汉诺塔谜题时突然出现了。这道谜题是著名数学家卢卡斯(Edouard Lucas)于 1883 年发明的,其一般形式有三个木桩和数个套在其中一个木桩上的圆盘,这些圆盘由下往上逐渐变小从而构成一个锥形。该谜题挑战的是:每次移动这些圆盘之一,最终将已套叠在一根木桩上的一套圆盘转移到另一根木桩上去。难就难在,你永远不能将一个圆盘放在另一个比它小的圆盘上方。

对于这里所展示的这种五个圆盘的式样,要完成这个任务需要移动 31 次。一般而言,对于 n 个圆盘,要达成目的最少需要移动 $2^n - 1$ 次。比较擅长数学的人会有兴趣听一听:解答 n 个圆盘的谜题就相当于在一个 n 维超立方体上找到一条哈密顿路径。

　　还有一种不同类型、不那么出名的谜题,其结果凸显了31比2的某次幂少1的性质。我们首先在一个圆的周长上选择两个点,并用一根线段将它们相连。显而易见,这样就将这个圆分成了两个部分。假如我们在这个圆上选择三点,并将它们两两相连,那么我们就将这个圆分成了四个部分。如果我们继续下去,就会得到以下图形,其结果总结在下表中:

点数	圆的最多分块数
2	2
3	4
4	8
5	16

　　根据到现在为止的模式,选择六个点并将每一对可能的点都用线段相连,似乎必定会产生总共32个分块,然而事实上最多分块数却只有31。如此地接近,却又如此地遥远。这一意料之外的结果只不过是刚刚开始而已。假设上述情形是在一次标准化考试的背景下出现的,考试中要求你对1,2,4,8,16,____这个序列中的空格用下列选项之一填写:

　　　　　A) 30　B) 31　C) 32　D) 33

　　显而易见,假如我们选择了除C以外的任何选项,那都得要做一番解释才行。不过,如果你足够有创意的话,任何答案都能行得通。我们已经看到,利用那个点/线/圆的例子,就可以证明选择B是正当的。假如你选择的是A,那么你只要告诉考官们,这个序列是$n!$的因数的数量。(没错:$1!=1$有1个因数,$2!=2$有2个因数,$3!=6$有4个因数,$4!=24$有8个因数,$5!=120$有16个因数,而$6!=720$有30个因数。)假如你选择的是 D,只要说你认为假如有 5 位局中人用一把有 n 个弹巢的手枪玩俄罗斯轮盘赌,其中子弹数可以等于从 1 到 n 的任何数字,而不允许转动弹巢,那么这个序列就是第一位局中人被杀死的方式数。这个答案应该会给你带来额外的加分。

▽

假如你更想看同样的原理出现在一道谜题里,而不是出自一次标准化考试,那么这里有一道题,它出自已故的伟大谜题发明者芦原伸之(Nob Yoshigahara)之手。首先你要做的是摒弃惯性思维、固有模式,然后你要做的就是弄明白应该往那个带有问号的圆圈里填什么数字。(请参见答案。)

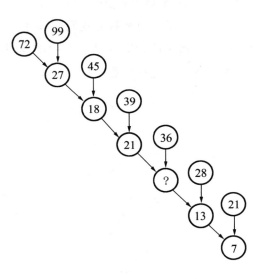

▽

我们在关于 4 的那个章节中看到,任何正整数都能表示为最多 4 个完全平方数之和,而这 4 个完全平方数不必互不相同。其实,只有 31 个数不能表示为互不相同的平方数之和。31 就是这些数中的一个。以下是完整的清单:

2　3　6　7　8　11　12　15　18　19　22　23　24　27　28
31　32　33　43　44　47　48　60　67　72　76　92　96　108
112　128

现在再来考虑下面这张清单,它的长度同样也是 31 个数:

1　2　3　5　6　7　9　10　11　13　15　17　18　19　22　23
25　27　31　33　34　37　43　47　55　58　67　73　82　97　103

我是在网上偶然看到这张清单的,旁边还有声明说,除了这些数以及

4 的任何次幂与这些数中的任何一个的乘积以外,其余的任何正整数都可以写成四个互不相同的平方数之和……

现在,请稍等一分钟。究竟发生了什么事? 由不同的 31 个数构成的另一个集合,也与互不相同的平方数之和相关,但却得出了不同的结论? 这就有点怪异了。要理解这一声明,关键是要注意到 14 是第一个满足下列条件的数:它既在两张清单中都没有出现,也不等于 4 的某次幂乘以清单中的一个数。再来看看我们这里有什么:14 = 9 + 4 + 1 + 0。显而易见,这第二张清单所管辖的,是那些不能表示为恰好 4 个互不相同的平方数之和的数……包括 0 在内!

32　[2⁵]

我必须承认,当我开始撰写此书时,32 这个数是我预期会占用巨大篇幅的那类数。毕竟,32 是 2 的幂;32 ℉(即 0℃)是海平面处水的冰点;在不用公制单位的国家里,32 英尺/秒²(即 9.8 米/秒²)是重力加速度的值;32 还是广受职业运动员们欢迎的运动服号码,这些运动员包括魔术师约翰逊(Magic Johnson)、科法克斯(Sandy Koufax)和吉姆·布朗(Jim Brown)。然而我其实并没有那么多可说。

▽

在运动和竞赛的世界里,32 这个数并不仅限于运动服号码。纸牌游戏斯卡特使用一副不小于 7 的牌,总共 32 张。在国际象棋中,比赛开始时棋盘上有 32 颗棋子,更不用说有 32 个白色方格和 32 个黑色方格。而且,说到黑和白,足球上恰好有 32 块几何形状(12 块五边形和 20 块六边形)。(更完整的讨论请参见关于 12 的章节。)

▽

一个罗盘上标明了全部 32 个有名称的方向——沿着圆的顺时针方向依次为北、北偏东北、北-东北、东北偏北、东北,等等。由于这些不同的方向本质上就是将一个圆一次又一次地反复二等分而产生的,因此 2 的幂就不断出现,从东南西北这四个基本方向一直到刚才所描述的 32 个方向。

33 [3×11, 1! +2! +3! +4!]

英国版的孔明棋是在一块有 33 个洞的棋盘上玩的。移动一步的操作是将一枚木栓横向或纵向地跳过另一枚木栓后插入一个空的洞中,并将那枚被跳过的木栓移除。目标是要以这样一种方式继续下去,从而使最后一枚木栓到达中间的那个方格。

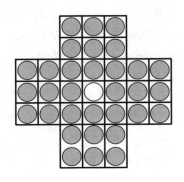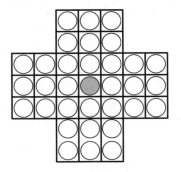

由于一开始有 32 枚木栓,因此总共需要跳 31 次才能从起点到达上图中的取胜位置。不过,只要像跳棋那样,在一次移动中进行组合跳跃,那么只需要移动 18 次就可以从起点到达终点。

▽

在下面的幻六角形中,每个箭头都指向一组相加等于 33 的 5 个数。

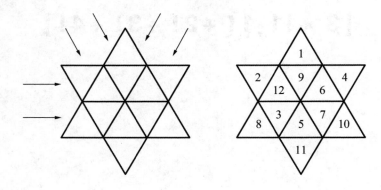

上图中的这些三角形让我想起,33 是不能表示为几个互不相同的三角形数之和的最大数。(在 33 之后,我们有 34 = 6 + 28、35 = 1 + 6 + 28、36 = 36、37 = 1 + 36、38 = 10 + 28,这些只是几个例子而已。)

▽

33 这个数已经渗透到世界各地的文化之中。在西班牙语中,"*Diga treinta y tres*"(即"说33")这个短语的用法与英语中的"*Say cheese*"①相同。在罗马尼亚,医生在用听诊器听患者的肺部时,常常让他们说出"33"("*Treizeci si trei*")。

———————————

① 字面意思是"说奶酪",相当于中文里的"说茄子",照相时让大家做出笑一笑的嘴型。——译注

34　[2×17]

右边这个图形是将 34 个点用一种特殊的方法连接起来而作出的。这个图形的特殊之处在于:(1)它是不可迹的,意即不可能画出一条遍访每个点一次且仅一次的路径(即数学家们所谓的哈密顿路径);(2)假如你移除其中任何一个点,那么得到的图形就是可迹的。任何具有(1)和(2)这两项特征的图形用专业术语来说是"次级可迹的"。

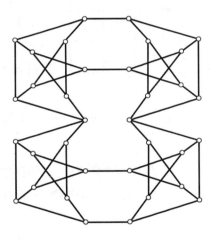

上图中的这种结构被称为"托马森图",是以丹麦数学家托马森(Carsten Thomassen)的名字来命名的。值得注意的是,这是已知的最小次级可迹图形。(不存在任何少于 10 个顶点的次级可迹图形,而且人们曾在很长一段时间里都猜测可能不存在任何次级可迹图形。就讲到这里。)

哈密顿路径理论归根结底源自一个被称为"旅行推销员问题"的经典问题,这个问题的任务是要找到最经济的路径,使推销员能够在一组城市中的每一座都稍做停留,然后再回到他出发的那座城市。这个问题的一个比较现代的版本出现在制造印刷电路板的过程之中,任务是要规划一台钻机的路径。在自动化机械加工或钻孔应用中,"城市"就是机器的各部分或者要钻的(不同尺寸的)孔,而"旅行的花费"则包括重新装备自动装置所需的时间(单个机器工作排序问题)。随着孔(或城市)的数量增长,可能的电路数量变得如此巨大,以至于靠蛮力已无法进行计算,因此需要一种理论方法。

▽

16	3	2	13
5	10	11	8
9	6	7	12
4	15	14	1

有史以来,最为著名的 4×4 幻方是画在丢勒(Albrecht Dürer, 1471—1528)1514 年的版画《忧郁 I》(*Melencolia I*)中的这一个。这个幻方如左图所示。

请注意,其中的所有行、列和对角线相加之和都等于 34。34 这个数是所有 4×4 幻方的幻方常数,这是因为前 16 个整数相加之和除以 4 等于 $\dfrac{\left(\dfrac{16(17)}{2}\right)}{4} = 2 \times 17 = 34$。

还要请你注意的是,丢勒创作这幅作品的年份也展示在他这个幻方的最下面一行的中间两格中。

1	2	3	4
5	6	7	8
9	10	11	12
13	14	15	16

▽

下面有一个简单的数学魔术与这个 4×4 幻方相关。从右上方的 16 个写有数字的方格中选择一个数。比如说我们从 5 开始。然后选择一个与 5 既不在同一行也不在同一列的数,比如说 15。将此过程重复一次,这次选择 2 这个数。(这第三个数和前两个选出的数中的任何一个都不能在同一行或同一列。)现在只剩下一个数与前三个选择中的任何一个都不在同一行或同一列,那就是 12。将 5、15、2 和

12 相加,你得到了什么? 当然是 34。

　　这个花招会奏效的原因在于,原来的幻方可以由灰色方格的行和灰色方格的列之和的形式构造而成,如右图所示。每个白色方格中的数都是将它左侧的灰色方格与它上方的灰色方格中的数相加而得到的。因此,假如你选出 4 个既不在同一行也不在同

	1	2	3	4
0	1	2	3	4
4	5	6	7	8
8	9	10	11	12
12	13	14	15	16

一列的数,那么它们的和就必定等于所有灰色方格中的数相加之和,也就是 $1+2+3+4+0+4+8+12=34$。

▽

　　每隔一年,全美各地的选民们都要选出参议院成员。总共有 100 位参议员,其中每位的任期都是 6 年。由于选举要尽可能做到均分,因此任一特定选举年的参议员竞选理论上最多选出 34 人。

　　这种对 100 的特殊分法可以一直追溯到但丁的《神曲》(参见关于 3 的章节)。在他的这一杰作中的 100 篇诗章中,有 33 首致力于描写天堂,另有 33 首描写炼狱,还有 34 首则是其中最为著名的地狱部分,也称为但丁的《地狱篇》(*Inferno*)。

▽

　　34 这个数是第九个斐波那契数(等于这个数列中前两个数 13 与 21 的和)。田野里的雏菊有时被用来例示斐波那契数在自然界中的展现(这种现象被称为路德维希定律),因为它们通常都有 34 片花瓣。由于雏菊被用在经典的"她爱我,她不爱我"游戏中,因此偶数个花瓣是不受欢迎的。所幸,自然界对于它的各种比例并不总是很严谨,而在任何情况下总是有充足的 13 瓣花和 21 瓣花来满足我们的需要。

35 [5×7, (10 −3) ×(10 −5)]

用6个正方形各边相连而构成的图形被称为六联骨牌,假设我们不计每种形状通过旋转或翻面后得到的那些形状,那么共有35种六联骨牌。(参见关于11的章节。)

▽

将一枚马放在一个标准的8×8国际象棋棋盘上,然后将这枚马移动35次而不与它自己的路径发生交叉,这是有可能做到的。想要找出这个序列吗?(请参见答案。)

▽

假如你将前5个三角形数相加,那么你就会得到1 +3 +6 +10 +15 =35。从几何上来讲,这就意味着假如你把15个台球放进它们的标准三角形框架中,然后在这个三角形上方再放置一个各边都有4个台球的三角形,并这样继续下去,那么这35个台球中的最后一个就会完成一个三棱锥,或者也叫四面体。

▽

范·科伊伦(Ludolph van Ceulen)是一位德国数学家,后移居荷兰,并于 1600 年成为莱顿大学的第一位数学教授。当范·科伊伦于 1610 年去世时,他的墓碑上刻了 3. 141 592 653 589 793 238 462 643 383 279 502 88 这个数,你应该认得出这是 π 计算到小数点后第 35 位的数值。进行这项计算是范·科伊伦毕生的研究工作。

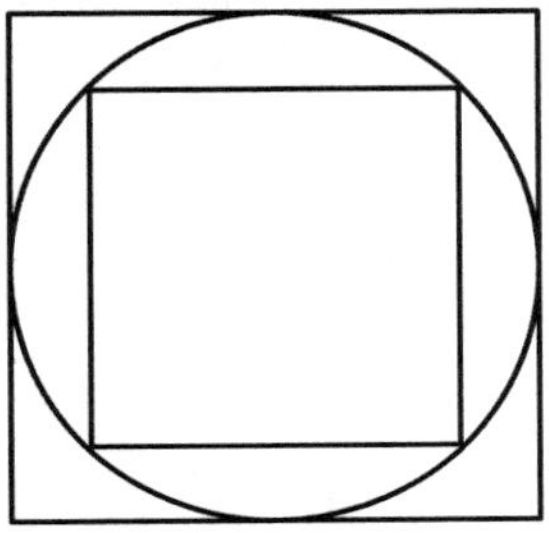

范·科伊伦的方法本质上就是痴迷于数学的阿基米德所采用的方法。实际上,公元前 200 年的希腊人就已经知道了这种想法,其中涉及将多边形内接于和外切于一个圆。我们会用通俗的语言来说明一种简单的情况:正方形。

在右边这幅图中,我们假设这个圆的直径为 1。因此,其内接正方形的对角线长度就等于 1,从而这个正方形的边长等于 $\frac{\sqrt{2}}{2}$,周长等于 $2\sqrt{2}$。外面那个正方形的各边都等于圆的直径,也就是 1,因此它的周长等于 4。这里的要点是,这个圆的周长必定是处于这两个正方形周长之间的某个值。由于根据定义,π 等于一个圆的周长除以它的直径,因此我们就得到 $2\sqrt{2} < \pi < 4$。这是一个正确的不等式,但是很糟糕,它只是一个粗糙的近似。显而易见,只要内接和外切一个具有更多条边的正多边形,你就能改进这个近似值,而这正是范·科伊伦所做的。他对 π 所得的小数点后 35 位近似值使用的是有 2^{62} 条边的多边形!(不,他不可能把它们画出来。但是他可以计算它们的周长,而这就是他所做的一切。)

$\triangledown$

法国南部勒穆兰附近的加尔桥是一座古罗马风格的多排圆拱高架渠。最上方的一排由 35 个小圆拱构成。

有一个令人愉快但毫无意义的巧合是,巴黎的塞纳河上横跨着 35 座桥:当然是指从环城大道的上游桥开始,到环城大道的西桥结束。

35 这个数也出现在度量衡领域中。一桶油有 35 英制加仑(约 159 升)，而 35 毫米电影自从爱迪生（Thomas Edison，1847—1931）和伊士曼（George Eastman，1854—1932）时代以来就是一种行业标准。

36 $[2^2 \times 3^2]$

闻名世界的"火箭女郎"舞蹈团恰好由 36 位舞者组成。这个数字，显然起源于能够将多少位舞者舒适地安排在舞台上来表演一段踢踏舞。（在离开宽敞的纽约无线电城音乐厅外出巡演时，这个班子的规模要小些。）

事实证明，36 位舞者既能排列成一个 6×6 的正方形，也能排列成一个高为 8 的三角形。在"火箭女郎"的"快乐的大脚"（Happy Feet，请不要与 2006 年的同名企鹅电影搞混了）表演中就采用了这种三角形编队。（36 的三角形数性质也出现在光明节的各种宗教仪式之中，这是因为根据希勒尔①定下的传统：第一夜要点燃犹太教烛台上的一支蜡烛，第二夜点燃两支，以此类推，从而在 8 天的庆典期间点燃的蜡烛总共有 1 + 2 + 3 + 4 + 5 + 6 + 7 + 8 = 36 支。）

$\triangledown$

36 事实上为既是平方数又是三角形数的第一个数（不值一提的 1 除外）。伟大的欧拉早在 1730 年就证明了存在着无穷多个这样的数，但 36

---

① 希勒尔（Hillel，公元前？—公元 10 年），犹太教公会领袖和拉比，巴勒斯坦犹太人族长。——译注

确实是唯一可供"火箭女郎"使用的,因为接下去一个平方三角形数是 1225。

▽

说到正方形与三角形,下面的 6×6 方阵图展示了掷两枚骰子可能产生的 36 种结果。灰色圆圈中包含的是 21 种互不相同的结果——诸如 2 – 5(先掷出一个 2 然后再掷出一个 5)和 5 – 2(先掷出一个 5 然后再掷出一个 2)之类都可以认为是一样的。白色圆圈中包含的是另外 15 种重复的结果。通过以这种方式来排列 36 种可能性,我们就得到了一个简单示例来阐明如下事实:任何完全平方数都可以写成两个连续三角形数之和。

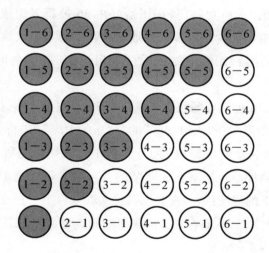

▽

位于华盛顿特区的林肯纪念堂有 36 根立柱——前后各 12 根,两侧各 8 根。(将 12、12、8、8 相加所得为 40,而不是 36,但这个总数必须要减去 4,因为每个拐角处的立柱都被计算了两次。)每根立柱的上端都雕刻着林肯担任总统时期的一个州名。第三十六个州内华达恰巧在林肯 1864 年再次当选前几天加入了联邦。

距离林肯纪念堂不远处,总部位于弗吉尼亚州亚历山德里亚市的游戏和拼图公司 ThinkFun 发现,36 这个数在几种场合中都恰到好处。1996 年,他们生产出由 36 个正方形单元构成的滑块游戏"塞车时间",这个游戏的设计者是芦原伸之,我们曾在关于 31 的那个章节中遇到过他的那道毒辣的数字谜题。"塞车

时间"中的挑战是要移动一辆红色轿车周围的轿车和卡车,从而使它能够从一个 6×6 的网格中逃脱。随后,在 2008 年,这家公司发行了"36 立方体",这个游戏对玩家的挑战是要用 36 根柱子来完成一个实心立方体:这 36 根柱子分为六组,每一组中的六根柱子颜色相同但高度不同。解答这个被称为"全世界最具挑战性的谜题"所需要时间的中间值,据估计为……永远。

▽

"36 军官问题"是一道由来已久的谜题,可用下方这个网格对其加以

解释：

请注意，我们将 6 种不同样式的字母 A 到 F 放入了这个由 36 个方格构成的网格中。问题是要重新排列这些字母，结果使得没有任何一行或一列中含有两个相同字母或两种相同字体。下面的这个网格表明了 3 × 3 情况下的一种解答。（很容易看出，2×2 的情况是无解的。）

"36 军官问题"得名的原因是，这个问题最初提出时是说有 6 个兵团，每个兵团中都有 6 位不同军衔的军官。糟糕，这个问题可能是无解的。欧拉在 1780 年左右就是如此认为的，而一位名叫特里（Gaston Terry）的业余数学家在 1901 年一劳永逸地对此给出了证明。

欧拉事实上曾推测所谓的希腊拉丁方阵①对于许多不同大小的方阵也许都是无解的。直到 1959 年，数学家们才发现了令人诧异的真相：无

---

① 希腊拉丁方阵（Greco-Latin square）是由希腊字母和拉丁字母配对构成的方阵，方阵中的每个元素都由一个希腊字母和一个拉丁字母配对构成，每一行、每一列都不重复，并且每一个拉丁字母与每一希腊字母只配对一次。以下分别为 3 阶、4 阶、5 阶的希腊拉丁方阵：

——译注

解的方阵只有不值一提的 2×2 的情况和前文所描述的 6×6 的情况。事实就是这样：对于其他无论多大的方阵，都可以找出答案。

▽

　　1 码相当于 36 英寸（约 0.91 米）。凑巧的是，36 英寸也是网球网中心的正式高度（可以拉紧或放松此处的所谓中心布带来确定整体高度）。在使用木制网球球拍的时期，球拍高度加上拍面宽度的结果几乎恰好等于 36 英寸，而且你常常会看到网球选手们用这种方法来检查网的高度。不过，一旦网球拍的尺寸变大后，这种技巧就不再管用了。如今，你很少看到有人检查球网的高度，尽管只要手边有一把简单的码尺就能达到这一目的。

▽

　　下方这个五角星的每个角的大小恰好都等于 36 度。你可以不相信我的话，但我马上会给出证明。

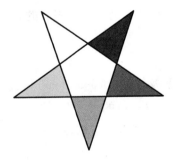

　　只要简单地按照如下方式重新安放这五个三角形。这些顶角合在一起就形成了半个圆，或者说 180 度，因此每个顶角的大小必定等于 $\frac{180}{5}=$ 36 度。

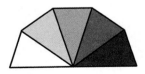

以 36 为基数的计数系统,有时也称为三十六进制,是一种方便的位值计算体系,因为它使用字母表中的全部 26 个字母再加上从 0 到 9 这 10 个数字（A = 10，B = 11，…，Z = 35）。尽管 36 这个基数在计算机编程的情况下最有用（许多网址更改系统都使用这一基数），但是它也可以被用来为任何单词或名字赋予一个独一无二的数。例如,考虑 GO:G 和 O 的位值分别是 16 和 24,因此 GO 这个单词就对应于 $16 \times 36 + 24 = 600$。

不幸的是,由于这个数中的每一位都表示一个 36 的幂,因此与 36 进制单词相关的十进制数就相当大。例如,即使像 NIEDERMAN 这样笨拙而不便使用的单词,我也不打算抛弃它而改用 66 327 368 641 439 来表示。因为位值计算体系的概念应归功于巴比伦人（他们偏爱的基数是 60）,所以我应该指出,巴比伦的强硬对手薛西斯的名字（XERXES）按照这个规则翻译过来应是 2 020 201 444,不过这位统治波斯 20 年（前 485 年—前 465 年在位）的波斯王的名字不叫"XERXUS"真是太糟糕了,因为那样的话他的十进制表示就会等价于更为令人满意的 2 020 202 020。

▽

19 世纪的法国作家波尔蒂（George Polti）写过一本题为《36 种戏剧情景》（*The 36 Dramatic Situations*）的书,试图将一部剧本或书籍中可能出现的每种情节进行分类,如"犯罪之后紧跟着受报复""致命的鲁莽行为""由于误解而产生的嫉妒"等。波尔蒂承认选择 36 多少是随意为之,不过他的这张列表也可能与古代中国的军事策略集锦"三十六计"有关。这些军事策略当然更为丰富多彩,如"第三计,借刀杀人""第十五计,调虎离山",以及可能是其中最为著名的"第三十六计,走为上"。

37 [素数]

$$37 = \frac{666}{6+6+6} \qquad 123\,456\,790 \times 3 = 370\,370\,370$$

这些等式以及含有 37 这个数在内的其他乘法公式,它们的奇异性都是基于 $3 \times 37 = 111$ 这一点。

▽

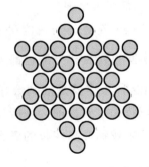

上面的排列显示了如何用 37 个点构成一个星形或者一个六边形。请注意,构建这类星形的方法是首先排列出一个六边形,然后在其外围再添加 6 个三角形。只有为数极少的几个数既能表示为一个有心六边形,又可以表示为一个星形——除了 1 以外,37 是第一个具有这一特殊性质的数,接下去一个直到 1261 才出现。左图是法国跳棋棋盘的排列方式,

而右图的这种排列则类似于当年电话听筒上送话端的那些点,或者甚至还类似于波音 757 飞机上的盥洗室通风口上的那些透气孔。

▽

很容易看出,37 是一手桥牌中的最大点数。根据标准的计分系统,A 计 4 点,K 计 3 点,Q 计 2 点,J 则计 1 点。在整副牌中,这 16 张大牌总共产生 40 点,但是单单一手牌中只能容得下这 16 张牌中的 13 张。减去三张(1 点的)J,你就得到了一手最大点数的牌——4 个 A、4 个 K、4 个 Q 和 1 个 J。

▽

假如你以前从未听说过"苏丹的嫁妆问题",那么你一定会乐意看一下以下内容。故事是这样讲的:有一位苏丹应允给一位平民机会迎娶他的 100 个女儿中的一个。这位平民每看到一个女儿,就会得知她的嫁妆。对于每位女儿,这位平民都只有一次机会接受或拒绝,意即他不能回头去选择他先前拒绝过的一位。其中隐藏的困难是,这位平民只想迎娶其中嫁妆最高的那位女儿。假设这位平民事先对于嫁妆如何分配一无所知,那么他要找出这位特殊的女儿应该采用什么最优策略呢?

听起来这有点像是不可能做到的,不是吗? 毕竟任何一位女儿拥有最高嫁妆的几率都是 $\frac{1}{100}$,而且关于这些嫁妆的数额和分配也都无从得知。然而最优策略还是存在的。事实证明这种策略就是等到恰好第 37 位女儿和她的嫁妆出现,然后选择下一位嫁妆超过到目前为止所见过的任何一位女儿的人。巧合的是,遵照这一策略找到最高嫁妆的概率大约是 37%。

▽

正常的人体温度恰好等于 37 ℃,美国的说法常常是 98.6 ℉。至少,假如你遵照公式 $F = \left(\frac{9}{5}\right) C + 32$ 来计算的话就是如此。不过,最早对人体温度展开科学研究的是 19 世纪的一位名字值得我们纪念的德国内科医生文德利希（Carl Reinhold August Wunderlich）。他记录下数千人的体温读数用于他的统计研究。37 ℃ 这个数字实际上只不过是文德利希得到的平均体温读数，再四舍五入到最接近的摄氏度数，这意味着，我们奉若神明的华氏温度对应值 98.6 ℉ 所隐含的精度远远超过了它的实际精度。

▽

莎士比亚总共写过 37 个剧本。请回忆一下我们在 36 那个章节中讨论过的，在波尔蒂的眼中，恰好有 36 种戏剧情景。因此我们就能 100% 肯定地说出大家都已经知道的事情——莎士比亚至少有两个剧本必定是围绕着同样的基本情节展开的！是的，我知道——那些次要情节会产生更多重复。不过这里有一条重要的数学原理在起作用，这条原理有一个并不招摇的名字叫鸽巢原理，也称为狄利克雷抽屉原理。它的内容基本上是说，假如你有多于 n 个物体（比方说 37 个剧本），并且你要设法将它们放入 n 个鸽巢（比方说 36 种戏剧情境）中去，那么其中至少有一个鸽巢里必定有多于一个物体。

鸽巢原理的重要之处在于，它的应用太广泛了，尽管这条原理本身完全是显而易见的。为了避免你认为这是小题大做，请注意鸽巢原理的论点也可以用来证明几何、初等数论、桥牌游戏以及仅仅普通常识等领域中的各种其他结果，其中包括下列几条：

1. 在东京，至少有两个人头上的头发数量相等。

2. 假如你在一个各边长均为 2 英寸（约 5 厘米）的等边三角形内部放置五个点，那么你总是能找到其中有一对点之间的距离不超过 1 英寸（约 2.5 厘米）。

3. 假如你选择任意 10 个 1 到 100 之间的正整数，那么这 10 个数总是能构成两个具有相同总和的不相交（即没有共同元素的）子集。

这些鸽巢问题变得稍微棘手一些了，不是吗？好吧，现在请你来试一试证明上面三条中的任一条或全部。（请参见答案。）

38   [2×19]

　　38 这个数可以用 10 种不同方式写成两个奇数之和,如下所示:

$$38 \quad = \quad 1 + \mathbf{37}$$
$$= \quad \mathbf{3} + 35$$
$$= \quad \mathbf{5} + 33$$
$$= \quad \mathbf{7} + \mathbf{31}$$
$$= \quad 9 + \mathbf{29}$$
$$= \quad \mathbf{11} + 27$$
$$= \quad \mathbf{13} + 25$$
$$= \quad 15 + \mathbf{23}$$
$$= \quad \mathbf{17} + 21$$
$$= \quad \mathbf{19} + \mathbf{19}$$

　　请注意,这 10 对奇数中的每一对都至少包含一个素数(用粗体表示)。换言之,38 不可能写成两个奇合数之和。就其本身而言,这看起来也许并没有那么非同寻常,但事实证明 38 是具有这一特征的最大偶数。

　　要证明以上断言并不那么困难。我们首先要注意到,前几个大于 38 的偶数都可以写成两个奇合数之和:$40 = 15 + 25, 42 = 15 + 27, 44 = 35 + 9, 46 = 25 + 21, 48 = 15 + 33$。显而易见,虽然我们不可能遍举偶数并如此操作,不过我们也不必这样做。只要简单地将上面这些求和式中的第一个数加上 10,就可以涵盖从 50 到 58 的数;对于从 60 到 68 的数,我们加上 20,以此类推。这种方法奏效的原因就在于,任何以 5 结尾的数(除了 5 自身以外)都是合数。承认吧,这比预料的要容易。对吗?

相比之下,事实表明,要证明下面这个论断则格外困难:任何偶数都等于两个素数之和。普鲁士数学家哥德巴赫(Christian Goldbach)早在 1742 年就有了这个猜想,而到本文写作之时这仍然是一个未解之题。此时此刻,我们所知道的是,假如一个偶数不能表示为两个素数之和,那么它必定是一个异常大的数。而且我们也可以很公平地说,计算机正在日夜运转以搜寻反例,而除了这些程序员以外,并没有其他人真正想要去找到一个反例。

▽

38 这个数也出现在一张与众不同的清单的末尾。当 38 写成罗马数字时,它的表示形式是 XXXVIII。无独有偶,假如你按照字母表顺序写下所有可能的罗马数字,那么 XXXVIII 就会是你所写的最后一个数。

▽

美式轮盘赌有 38 个槽,其中包括从 1 到 36 的数字再加上 0 和 00。那个额外的 00 槽的最主要效果是要增加庄家的优势,因为一位赌徒投注一条红色槽或一条黑色槽的赢钱概率是 $\frac{18}{38}$。而在欧式轮盘赌上,下这样一个赌注的赢钱概率比较大,为 $\frac{18}{37}$[①]。(参见关于 37 的那个章节。)

---

① 欧式轮盘上只有从 0 到 36 的 37 个槽,没有那个额外的 00 槽。——译注

左边这个图是一个幻六边形，其中 5
竖列、5 左斜行和 5 右斜行中的各数相加之
和都分别等于 38。

传说这个六边形是由退休的铁路员工
克利福德·亚当斯（Clifford Adams）构建
的，当时他将这个六边形递交给了《科学美
国人》杂志的加德纳。加德纳又转而向著
名的趣味数学家特里格（Charles Trigg）展
示了这个结构，特里格确认这个幻六边形是独一无二的（这一大小的任何
其他解答都只是将亚当斯的设计进行旋转/反射而得到的）。

不仅如此，特里格还证明，对于一个每条外侧边都有 n 个单元的六边
形来说，其幻常数由公式 $\dfrac{9(n^4 - 2n^3 + 2n^2 - n)}{2(2n-1)}$ 给出。我们不必纠缠于其

中的细节，只要注意到这个表达式只在 $\dfrac{5}{(2n-1)}$ 为整数的情况下才为整

数。而 $\dfrac{5}{(2n-1)}$ 为整数的情况只在 $n = 1$ 和 $n = 3$ 时下才会发生。换言

之，亚当斯的构造是唯一可能大小的幻六边形，只有一种情况除外，那就
是取单独一个六边形并在其中贴上一个"1"，而那就不那么奇幻了，不
是吗？

39 [3×13]

将39的3种分拆方式所得的各数分别相乘能得到相同的乘积,而39是最小的具有这一性质的数。这是$n=3$的圣诞缎带问题:求3种不同盒子的尺寸,要求它们有同样体积和同样的缎带长度(参见关于118的章节):

$$39 = 4 + 15 + 20 : 4 \times 15 \times 20 = 1200$$
$$39 = 5 + 10 + 24 : 5 \times 10 \times 24 = 1200$$
$$39 = 6 + \ 8 + 25 : 6 \times \ 8 \times 25 = 1200$$

假如你列出39的最小素因数和39的最大素因数之间的所有素数,你会得到3、5、7、11和13。而$3+5+7+11+13=39$。干净利落的戏法!而且这种情况直到155时才会再次发生。(事实上有一个比39更小的数也具有同样的这种性质。你能找到它吗?)(请参见答案。)

$$\triangledown$$

1935年希区柯克(Alfred Hitchcock)导演的电影《39级台阶》(*The 39 Steps*)是根据巴肯(John Buchan)的同名小说改编的。在这部影片中,这个标题指的是一个间谍组织的名称,而书的标题却是指英国肯特郡的一个沿海地带,那里有一条从悬崖通往水面的路径恰好有39级台阶。沿着后者的这一思路,也许值得一提的是,在老温布利体育场中,获胜者要到达主席台并领取奖杯,就必须先向上攀登 39 级台阶。

▽

39 条信纲是英国圣公会于 1563 年确立的,而且即使在今天也仍然构成了圣公会信仰的基础。在那时至今的中间某个时候,美利坚合众国宣布独立,并写下了它自己的宪法,最终有 39 人签署了这部宪法。

▽

39 是一把标准"玛斯特"(Master)牌密码锁上的最大数字。

▽

一条保龄球道由恰好 39 根细长板条构成,通常是木制的,每根板条略宽于 1 英寸,加在一起总共是 42 英寸。

▽

在桥牌中只有 39 种可能的分发模式,或者叫牌型。最常见的分发模式是 4 - 4 - 3 - 2,意即这手牌由 4 张一种花色、4 张另一种花色、3 张第三种花色和 2 张第四种花色构成。

40　[2³×5]

宗教中有大量关于 40 这个数的故事,从 40 天的大斋期到穆斯林信仰中的 40 天守丧期。不过,40 这个数在圣经中有时只是指非常非常大的数,比如说大洪水发生的 40 天和 40 夜。同样,在"阿里巴巴与四十大盗"这个故事里对 40 的应用也并非缺乏想象力,而"40 次眨眼"这种表述曾经具有睡了很多觉的意思①。往昔的 40 变成了今日的"不计其数",是对社会经历的通货膨胀的一个侧面反映。

▽

在"检疫隔离"(quarantine)这个单词中可以找到对于 40 这个数的一种令人惊讶的原意应用。这个词看起来与法语中表示"四十"的单词"*quarante*"有着令人生疑的相似性,而且据说最初古罗马的"*quarantine*"就是要让船只在港口隔离 40 天。

▽

"人生从四十岁开始"这种表述要追溯到皮特金(Walter Pitkin)1932年出版的一部书和塔克(Sophie Tucker)1937 年的一首歌。这一表述无疑

———————————

① "40 winks"在现代英语中的意思是小睡、打盹、午睡。——译注

适用于普林斯顿大学的数学家怀尔斯。他是一位土生土长的英国人，1993 年在剑桥大学发表他的著名演讲"模形式、椭圆曲线和伽罗瓦表示"时，才刚过 40 岁。正是在这次演讲中，怀尔斯证明了费马大定理——这一定理的表述是：当 $n > 2$ 时，方程 $x^n + y^n = z^n$ 无正整数解（参见关于 2 的章节）。对于怀尔斯来说，遗憾的是菲尔兹奖只颁发给 40 岁以下的人。这可能是高等数学中最享有盛誉的奖项[也就是电影《心灵捕手》中达蒙（Matt Damon）的导师得过的那个奖]。而当怀尔斯最初的证明被发现存在一个漏洞时，他实质上就已经失去了入选 1994 年菲尔兹奖名单的希望（这个奖项每 4 年颁发一次）。不过，国际数学联合会在颁发 1998 年菲尔兹奖的同时，授予怀尔斯一枚特殊银质奖章，此时怀尔斯证明中的那个漏洞早已被解决，而他在数学史上的地位也早已确立了。

▽

华氏度

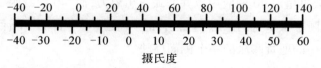

摄氏度

　　正如上图中所表明的，$-40\ ℃$ 就等同于 $-40\ ℉$，这是这两种温标唯一发生重合的温度。一般而言，这两种温标之间的关系表示为公式 $F = \left(\dfrac{9}{5}\right) C + 32$。

▽

　　1953 年，尚处创办初期的火箭化学公司中，有 3 位科学家正在研究一种化合物，用于除去火箭和其他金属部件上的锈蚀。他们使用的是一种名为水置换的技术。他们在第 40 次尝试时取得了成功，并以此创造出了他们的第一款商业产品。这家公司在 1969 年更改了名称，以示重视他们的王牌产品（当时也是他们唯一的产品）。这家 WD-40 公司最终通过从 1995 年开始的一系列并购活动拓展了他们的生产线。在短短几年后，他们的产品就包括"三合一"（3-IN-ONE）油、"熔岩"（Lava）肥皂、"2000洁厕剂"（2000 Flushes）和"地毯清香剂"（Carpet Fresh）这样一些为人们所熟悉的消费品牌。

▽

A B C D E F G H I J K L M N O P Q R S T U V W X Y Z

40（FORTY）是唯一写成英文形式时，其各字母按字母表顺序排列的数。

41 [素数]

表达式 $x^2 - x + 41$ 看起来足够平淡无奇，但是欧拉首先注意到了它的一项非凡特征。尝试为 x 代入一些数字，从 1 开始，然后看看结果如何：

x	$x^2 - x + 41$
1	41
2	43
3	47
4	53
5	61
6	71
7	83
8	97
9	113
10	131

这张列表中的前两个数 41 和 43 构成了一对孪生素数——两个仅相差 2 的素数。然后你会注意到，相邻各项之间的差值每次都增加 2：$47 - 43 = 4$，$53 - 47 = 6$，以此类推。不过，这一序列非凡的地方在于，到目前为止的所有数都是素数。事实上，如果你这样进行下去，就会得到 40 个连

续素数,而它们的最后一项是 $40^2 - 40 + 41 = 1601$。(请注意,当 $x = 41$ 时,你得到的结果显然会是一个合数,这是因为 $41^2 - 41 + 41$ 就等于 41^2。)尽管存在着一些会给出超过 41 个连续素数的多项式,但是哥德巴赫于 1752 年证明了:没有任何整系数多项式对于所有的 x 输入值都可能给出一个素数。

▽

有一种与此相关的结构被称为素数螺线,这显然是波兰数学家乌拉姆(Stanislaw Ulam)在一次无聊的会议期间随手乱画时发现的。他的创作过程是,首先在一张网格的中心放一个 1,然后继续向外放置连续的整数。他注意到,在这样

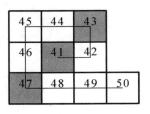

的螺线中,素数总是会构造出一些有趣的模式。假如他一开始在中心处放置的是 41 这个数,那么他就会画出右上方这张图,其中的素数用阴影表示。将这根螺线继续下去,就会产生一个 40×40 的正方形,其中沿着这条对角线的每个元素都是素数——与欧拉的二次方程得到的那些素数完全相同!

▽

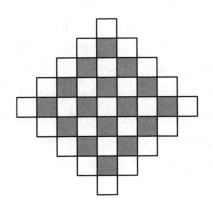

左边这种图案由 25 个白色方块和 16 个黑色方块构成。对于任何像 41 这样等于相邻平方和的数,都可以构造出类似的图案。不过,41 所独有的一个妙处在于 $41 = 4^2 + 5^2 = 1^2 + 2^2 + 6^2$,而即使将这些指数都去掉,最右边那个等式仍然成立。

42 [2×3×7]

一副扑克牌里有 42 只眼睛:3 张 2 只眼睛的 K、1 张 1 只眼睛的 K、4 张全都是 2 只眼睛的 Q、2 张 2 只眼睛的 J 和 2 张 1 只眼睛的 J。这样构成的总数是 21,而这个数必须要加倍,因为这些人头牌上的形象在每张牌上都出现两次。(说到游戏和加倍,我们已经看到,一枚骰子总共有 21 点,因此一对骰子就总共有 42 点。)

▽

板球的规则是委托伦敦马里波恩板球俱乐部制定的,共有 42 条正式规则,其中第 42 条规则规定的是公平比赛与不公平比赛。在美国,42 是鲁宾逊①在布鲁克林道奇队的球衣号码。1972 年,就在鲁宾逊 53 岁去世前的几个月,道奇队宣布他的号码不再让球员使用。1997 年,美国职业棒球大联盟宣布,全面停止使用该号码,只有当时正身穿该号码球衣的球员可以例外。在那之后,长期担任洋基队王牌终结者的里韦拉(Mariano Rivera)又穿了 10 多年 42 号球衣。另一位长期担任后援投手的棒球运动员——芝加哥小熊队、圣路易斯红雀队和亚特兰大勇士队的萨特(Bruce

_____

① 鲁宾逊(Jackie Robinson,1919—1972),美国职业棒球大联盟史上第一位黑人球员。——译注

Sutter）——也穿 42 号球衣，他也是仅有的另一位令这个号码因他而不再使用的投手。

在道格拉斯·亚当斯（Douglas Adams）的《银河系漫游指南》（*Hitchhiker's Guide to the Galaxy*）一书中，计算机"深思"被要求计算"生命、宇宙以及万物这一崇高问题的终极答案"，而它给出的答案是"42"。它说出了以下这句令人难忘的话：

> "我彻彻底底地检查过了，"计算机说道，"这确确实实就是答案。我认为问题在于——老实跟你们说吧——你们从来就不曾真正知道问题是什么。"

《观察家报》（*The Observer*）曾经称亚当斯为"20 世纪的刘易斯·卡罗尔"，他们也许并没有意识到，42 这个数对于卡罗尔也有着特殊的吸引力。最初的《爱丽丝漫游奇境记》（*Alice in Wonderland*）一书中有 42 幅插图，著名的"所有身高一英里以上的人都必须离开法庭"是第 42 条规定，而《猎鲨记》（*The Hunting of the Snark*）中的面包师有 42 只箱子。

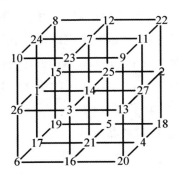
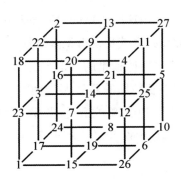

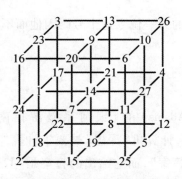
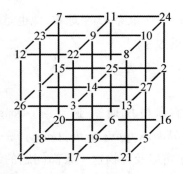

前面列出的这些结构表示的是 4 种可能的三维 3×3 幻方。[用专业术语来说,它们被称为半完全幻方,或者以 20 世纪初的幻方先驱安德鲁斯(W. S. Andrews)的名字命名为安德鲁斯立方体。其他所有 3×3 的解答都是将这 4 种解答由旋转或反射后得到的。]在每种情况下,任何一行或一列上的 3 个数相加之和都等于 42;3 个不同层面上占据同一个正方形的任意 3 个数相加之和也等于 42;沿着这个立方体的一条起点和终点都在顶角处的对角线上的任意 3 个数相加之和也等于 42——但是任何一个面上的对角线上的 3 个数之和则不等于 42。这种幻方的幻常数是 42,这是因为 42 等于前 27 个整数之和除以 9。一般而言,一个 $n×n$ 幻方的幻常数等于 $\dfrac{n(n^3+1)}{2}$。请注意,42÷3 = 14 是位于所有这些幻方中心的数。

幻方的这种结构在某种程度上提醒我,在臭名昭著的阿尔卡特拉斯岛监狱 D 区中有 42 个牢房,其中包括 36 个隔离牢房和 6 个单独监禁牢房。D 区是这所监狱的最高戒备区域,是为这所监狱中最恶劣的那些罪犯保留的,也就是说有很多这样的罪犯。这些牢房的一个可取之处在于,它们比这所监狱里的其他牢房都要大。斯特劳德(Robert Stroud)被称为"阿尔卡特拉斯的养鸟人",他在很长时间里一直以第 D 区的第 42 号牢房为家。他在莱文沃思监狱中对鸟类产生了兴趣,随后——你猜对了——在 1942 年转入不那么亲鸟的阿尔卡特拉斯岛监狱。

43　[素数]

在以前的那些好日子里,麦乐鸡只以 6 块、9 块、20 块按份出售,你可以问这样一个问题:"你不能购买的麦乐鸡块数量最大是多少?"答案是 43。这类问题事实上已存在了一段时间,并让数学家们将 43 称为{6,9,20}这个集合的弗罗贝尼乌斯数,以此纪念德国数学家弗罗贝尼乌斯(Ferdinand Georg Frobenius,1849—1917)。

严格说来,要寻找的是不等于 6、9、20 的线性组合的最大数——即不能表示为 $6a + 9b + 20c$ 这种形式的最大数,其中 a、b、c 都是正整数。只有当这三个数像本例中这样没有公因数时,这个问题才有意义。作为一个对比,假如你把 5 美分硬币、10 美分硬币和 25 美分硬币组合起来,你得到的总是 5 美分的倍数。

不幸的是,在推出含有 4 块麦乐鸡的开心乐园餐后,这一切都被毁了。一旦你能够单独买到一盒有 4 块麦乐鸡的餐盒,不能(用 4、6、9、20 块组合)买到的最大麦乐鸡块数量就变成了 11。

▽

这提醒我:假如你阅读了我们在关于 11 那个章节中的讨论,那么你就会知道对于两个变量的弗罗贝尼乌斯数存在着一个简单的表达式,也就是说,用正整数 x 和 y 的组合不能创造出的数最大等于 $xy - x - y$。事实证明，有 3 个（或更多）数的情况会使这个问题的难度大大增加。此时要完成找到弗罗贝尼乌斯数的任务，就需要使用一套算法而不仅仅是一个公式而已了。不过假如初始数组足够友好的话，还是存在着一些能起作用的公式的。这个问题事实上是十分困难的，受限于执行算法所需要的计算机时间，其中有几类算法是不能胜任的。

一般弗罗贝尼乌斯问题的应用远远超过麦乐鸡块的范围。在经济学中，问题可能是要估定一组产品的可能产出或者取整数值的成本函数。在质谱分析（一种鉴定和/或量化分子化合物的技术）中，问题可能是要计算出哪些类型的分子构型也许会产生数据中看到的那些所谓的峰值。所有这些都构成了一些关于弗罗贝尼乌斯研讨会上的有趣聚会。

$\triangledown$

43 还在另一处展示出比其他任何地方更多的奇异性质。请回忆一下，斐波那契数列的开头是 $1,1,2,3,5\cdots$，其中各项都等于其前两项之和。从同样的开头出发，让我们来定义一个新的数列，使它的第六项等于前五项的平方和再除以（5 − 1）这个数。我们得到的是 $\dfrac{(1^2 + 1^2 + 2^2 + 3^2 + 5^2)}{4}$，其结果等于 10。（请注意，这个数列中的 2、3、5 事实上都可以由同一个公式产生！）第七项等于 $\dfrac{(1^2 + 1^2 + 2^2 + 3^2 + 5^2 + 10^2)}{5} = 28$，以此类推。这个数列从第十项开始相当快速地增长。但是由于创造这个数列的过程中包含着除法，因此根本就不存在任何理由说明由此产生的这些数为什么都是整数。但事实上，这个序列前 43 个数都是整数。我愿意向你说明第一个非整数的结果，不过这个数实在太大，以至于这页纸上都写不下——即使我从这一页的最上端开始写也不行。

44   [$2^2 \times 11$]

欧拉长方体是一个三边长 a、b、c 都是整数,并且要求由此得到的三条对角线 d_{ab}、d_{ac}、d_{bc} 也都是整数的长方体。可能存在的最小欧拉长方体的各边长为44、117、240,而此时其各条对角线长为

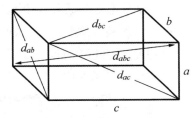

125、244、267。这个长方体是德国数学家哈尔克(Paul Halcke)在 1719 年发现的,但是不知怎的,整个概念却被冠上了欧拉的名字,尽管他当时才12 岁。

上面这幅图中实际上有 7 根标注了字母的线,而不是 6 根,第七根是(两端带有箭头的)"空间对角线"d_{abc}。糟糕,这幅图中的这根空间对角线等于 73 225 的平方根,而这不是一个整数。值得注意的是,尽管欧拉长方体问题有着悠久而又广为流传的历史,但是即使到了今天,人们都还不知道是否存在着使空间对角线都等于整数的欧拉长方体。

在 1951 年的攻占巴士底狱纪念日,法国人费里埃(A. Ferrier)自豪地宣布,44 位数

$$\frac{2^{148}+1}{17} = 20\ 988\ 936\ 657\ 440\ 586\ 486\ 151\ 264\ 256\ 610\ 222\ 593\ 863\ 921$$

是一个素数。费里埃由此打破了卢卡斯(Edouard Lucas)保持了 75 年之久的世界纪录,卢卡斯通过手工计算检验了 $2^{127}-1$ 是一个素数。费里埃仅使用一台台式计算器就验证了这个数是素数,因此他的这一发现的与众不同之处在于,这是在不使用任何类型的电子计算设备的情况下算得的已知最大素数。在他宣布这一结果后不出几个月,一个新的时代来临了,计算机发现了一个 79 位的素数。在我开始撰写本书时,已知的最大素数(碰巧也是第 44 个梅森素数,参见关于 28 的章节)有 9 808 358 位。

▽

假如你有 5 封信和 5 个预先写好地址的信封,你有多少种方式可以将这些信件装入这些信封,从而使所有信件都不放在正确的信封里?这个问题是 18 世纪初德·蒙马特(Pierre de Montmart)提出并解答的。德·蒙马特是尼古拉·伯努利(Nicholas Bernoulli)的同事,而尼古拉·伯努利用一个被称为容斥原理的集合计数公式解决了同一个问题。德·蒙马特还认识帕斯卡。人们认为帕斯卡三角形这个名字就是他取的。这种类型的排列被称为重排,而表示 n 个物体重排数量的一般公式由下式给出:

$$n! \sum_{k=0}^{n} \frac{(-1)^k}{k!}$$

具体来说,假如 $n=5$,那么 $n!=120$,于是该公式给出 $120\left(1-1+\frac{1}{2}-\frac{1}{6}+\frac{1}{24}-\frac{1}{120}\right)=44$。

45 [$3^2 \times 5$]

45 这个数是一个三角形数,等于从 1 到 9 的数之和。特别是,45 等于一个完成后的数独游戏之中的任何一行或任何一列的各数之和。说到三角形,在一个等腰直角三角形(两条等长的边之间的夹角是一个直角)中,两个锐角的角度都是 45 度。

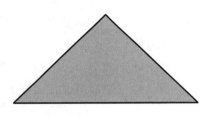

▽

根据定义,任何三角形数都存在某个 n 值,使得它等于前 n 个整数之和。45 的特殊之处在于,它是可以用 6 种不同方式来表示为连续正整数之和的第一个数。这些表示方式是:45、22 + 23、14 + 15 + 16、7 + 8 + 9 + 10 + 11、5 + 6 + 7 + 8 + 9 + 10,以及最后还有 1 + 2 + 3 + 4 + 5 + 6 + 7 + 8 + 9。事实证明,将一个数表示为几个连续正整数之和的方式数与该数的奇因数的个数相等。对于 45,我们可以列举出它的 6 个预期的因数:1、3、5、9、15 及 45 本身。

▽

关于几个数相加等于 45 这一点,还有最后一则内容可说。请检查一

5	22	18
28	15	2
12	8	25

下左边的这个方阵中的数字。这是一个幻方，因为其中每一行、每一列和每条对角线上的各数相加之和都等于同一个数——45。

当然，就其本身而言，这并无任何特殊之处。我们很容易造出一个幻常数为45的幻方，因为任何一个纯3×3幻方（使用从1到9的数字）的幻常数都会等于15（参见关于15的章节），因此你只要将其中的每个数都乘以3就可以得到45。当然，我们很容易看出，上面的这个幻方并不是这样构成的。实际上，当我们再进一步观察，就会看到这个幻方就其数字的多样性而言并没有那么特殊，因为其中每个数都是以2、5或8结尾的。不过，来看看下面的探究吧。从左上角开始，在5（*five*）这个单词中有4个字母，在22（*twenty-two*）这个单词中有9个字母。以这种方式继续下去，且观察一下由此而构造出来的这个新方阵：

这个新的方阵本身也是一个幻方，其幻常数为21。我已经不知道该说什么好了。

4	9	8
11	7	3
6	5	10

▽

在田径运动的铅球和链球项目中，45度角发挥着一种理论指导作用。从理论上来说，对于任何释放速度，以45度角着陆都对应着最远的距离。不过，在现实生活中，这个数字要稍微减小些，其中的原因很简单：投出去的物体是在地平面以上几英尺处释放的。而对于像铁饼和标枪这样的一些项目，空气动力学发挥着一种更加重要的作用，于是45度角这个数字就越发难以捉摸了。

▽

45度纬线位于北极与赤道正中间，不过地球在两极附近稍扁，因此产生了轻微的误差。

$\triangledown$

45 这个数可以分成 20、25 两个部分,而 2025 即 45 的平方;45 也可以分成 9、11、25 三个部分,而 91 125 即 45 的立方;45 还可以分成 4、10、6、25,而 4 100 625 即 45 的四次方。没有任何其他小于 400 000 的数具有这一性质。(对于任何 n 次幂具有这一性质的数被称为 n 阶卡布列克数。)

$$[20+25]^2 = 2025$$

$$[9+11+25]^3 = 91\ 125$$

$$[4+10+06+25]^4 = 4\ 100\ 625$$

17.9

46 [2×23]

在纽约州,"46 行者"(46er)是指攀登过阿迪朗达克山脉全部 46 座山峰的人。这些山中,海拔最低的是 3820 英尺(约 1164 米)的库克萨卡拉伽山,最高的是 5344 英尺(约 1629 米)的马西山。

▽

使用全部 9 个非零数字构造出一个精确等于 $\frac{1}{8}$ 的分数一共有 46 种方法。没有任何其他具有 $\frac{1}{n}$ 形式的分数能接近这一纪录。事实上,只有当 n 选取有限的几个数值时,才有可能这样用全部数字来构造出 $\frac{1}{n}$。(参见关于 68 的章节。)

▽

公元前 46 年是历史上最长的一年,因为就在那一年,儒略·凯撒开始采用儒略历,而这样做的结果就造成了那一年有 445 天。

▽

下页这幅图看起来也许像是一张蜘蛛网,不过它其实是塔特图。这

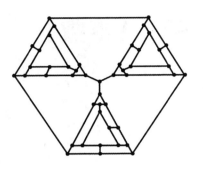

是塔特(William Thomas Tutte)在 1946 年设计出来的一个著名反例,当时他还是剑桥大学数学系的一名研究生。其实,塔特之前就已经破解了一种至关重要的德国密码系统,从而使同盟国在欧洲的形势发生了逆转。与此相比,塔特图就是一件不太起眼的成就了。这是一个有 46 个顶点的图形,其中每个顶点都与另外两个相连,它所具有的性质是:可以移除任何两个顶点而留下的仍然是一个连通图(就是你所认为的意思)。爱丁堡大学的泰特(Peter Tait)曾在 1880 年提出这样一个猜想:任何具有这两种性质的图形都必定是哈密顿路径——也就是说从其中任何一个顶点出发,你都可以设计出一条通路,带你走过其他每个点恰好一次,然后再回到你的起点。塔特图却并不是哈密顿路径,这就证明了泰特的猜想不成立。这真是太遗憾了,因为这是一个看起来不同的两种数学知识事实上是如何紧密相连的例子,假如泰特的猜想成立的话,那就意味着四色地图定理成立!(参见关于 4 的章节。)

46

47 [素数]

　　一个立方体不能被分成 47 个较小的子立方体，并且 47 是具有这一性质的最大数字。这个看起来奇怪的结论在 1977 年得到了证明，从而解决了一个长达 30 年的问题。这个问题以瑞士数学家哈德维格尔（Hugo Hadwiger，1908—1981）的名字命名，叫作哈德维格尔问题。

　　这个证明并不是那么困难。它起始于一种奇异的觉察：一个立方体有可能被分成 1、8、20、38、49、51 或者甚至 54 个子立方体，其根据是以下这些等式：

$$1^3 = 1^3 \qquad\qquad\qquad\qquad\qquad 1 = 1$$
$$2^3 = 8 \times 1^3 \qquad\qquad\qquad\qquad 8 = 8$$
$$3^3 = 2^3 + 19 \times 1^3 \qquad\qquad\quad 1 + 19 = 20$$
$$4^3 = 3^3 + 37 \times 1^3 \qquad\qquad\quad 1 + 37 = 38$$
$$6^3 = 4 \times 3^3 + 9 \times 2^3 + 36 \times 1^3 \qquad 4 + 9 + 36 = 49$$
$$6^3 = 5 \times 3^3 + 5 \times 2^3 + 41 \times 1^3 \qquad 5 + 5 + 41 = 51$$
$$8^3 = 6 \times 4^3 + 2 \times 3^3 + 4 \times 2^3 + 42 \times 1^3 \qquad 6 + 2 + 4 + 42 = 54$$

　　同样奇异的下一步是要注意到，假如 m 和 n 这两个数具有这样一种性质：一个立方体可以被分成 m 和 n 个子立方体，那么 $m + n - 1$ 这个数也必定具有同样的特征。只要将原来的立方体分成 m 个子立方体，然后将其中一个分成它的 n 个子立方体。（奇怪的是，永远不可能将一个立方体切割成大小全都不同的子立方体——无论包括多少个子立方体，其中必有至少两个是完全相同的。）

这组初始数字的特殊之处在于，从 $\{1,\ 8,\ 20,\ 38,\ 49,\ 51,\ 54\}$ 开始，并接连应用 $m+n-1$ 这个公式，那么结果就会发现可以用 $1,8,\cdots,54$ 构造出任何大于 47 的数——例如 $57 = 20 + 38 - 1$，等等。对这一事实的证明，我会留给读者去做，对不能得到 47 个子立方体的证明也同样留给读者完成。（请记住，我们所证明的只不过是任何大于 47 的数都能够以 $1,8,\cdots,54$ 构造得到。）

▽

假如你更愿意选择一个比较容易的挑战的话，那么在左图的这个三角形中有 47 个较小的三角形。辨别出这 47 个三角形颇费心思，但也并不是那么困难。更加艰巨的任务会是数出一架音乐会上使用的踏板竖琴上有多少根弦。不过我会把有 47 根弦这个答案透露给你，免得你去应战了。

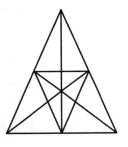

▽

47

1964 年，波莫纳学院的教授本特利（Donald Bentley）"证明"了所有数都等于 47，这是该学院与这个特别的数之间发生长久关联的开端。以下是留存在波莫纳学院网站上的某些关于 47 的琐事列表：

波莫纳学院坐落于圣伯纳迪诺高速公路。标志上写着：克莱蒙特学院联盟在下一个右出口，第 47 出口。

以本校 29 届学生麦克纳（Donald McKenna）的名字命名的克莱蒙特·麦克纳学院成立于 1947 年。

莱曼大厅的管风琴最上面一行有 47 根音管。

《独立宣言》中包括 47 个句子。

迪士尼喜剧《心不在焉的教授》(*The Absent-Minded Professor*)中有一场篮球赛是在波莫纳学院老伦威克体育馆拍摄的。最终比分为47∶46。

哈伍德学生宿舍有45号房间和49号房间,却(神秘地)没有47号房间。

在电影《摩天大楼失火记》(*The Towering Inferno*)中,本校56届学生、演员张伯伦(Richard Chamberlain)在排队等待救援的人群中排在第47位。

毕达哥拉斯定理在欧几里得的《几何原本》中是第47条命题。

1947年完工的马德-布莱斯德尔大厅上的献词牌匾上有47个字母。

波莫纳学院的第一届学生毕业时(1894年),登记在册的学生有47名。

假如所有这些关于47的琐事令你反胃的话,那么你会乐于知道碳酸二羟铝钠可以吸收超过它自身重量47倍的酸。

尽管冒着波莫纳学院幻想破灭的危险,我们还是值得指出,几乎任何数都能够产生出一连串与上述类似的巧合。不过,有一个领域中47的出现并非巧合,那就是《星际迷航:下一代》(*Star Trek: The Next Generation*),其中的全体船员停靠在第47号子空间中继站,生化人Data失去知觉47秒钟,一个主要角色缩小到47厘米,有一颗行星上有47位幸存者,这些船员发现了第247号元素,等等。选择提及的这些与波莫纳学院网站上的内容给人以相同的感觉,不过这些显然是由于受到了《星际迷航》的作者/联合制片人之一门诺斯基(Joe Menosky)的怂恿,他的所作所为被后来的制作团队继承了下去。门诺斯基是波莫纳学院1979年的毕业生。

48 [$2^4 \times 3$]

48 是具有 10 个因数的最小数字,这些因数是:1、2、3、4、6、8、12、16、24 和 48 本身。(一般而言,只要 $n \geq 2$,$2^{n-1} \times 3$ 就是具有 $2n$ 个因数的最小数字。)

▽

48 是西方调性音乐中不计同音异名时大调和小调总数(24)的两倍。巴赫的《平均律钢琴曲集》(*Well-Tempered Clavier*)的非正式名称为《四十八》(*The Forty-Eight*),这是因为其中包括每个大调和每个小调的一首前奏曲和一首赋格,总共 48 首。

▽

随着 1912 年亚利桑那州和新墨西哥州的加入,组成美国的州达到了 48 个,因此国旗上的星就可以排列成 6 行 8 列了。这种布局一直维持到 1959 年阿拉斯加州加入美国。即使到今天,美国本土仍然被称为"本土 48 州"(lower 48)。

▽

下页这个长方形中包含着 48 个单位正方形,其中半数是灰色的,另外半数是白色的。此外只有一个长方形也能以同样的方式用相等数量的两种不同颜色勾勒出来。你能找到它吗？（请参见答案。）

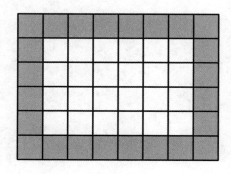

49 $[7^2 = (11 - 4)^{(11-9)}]$

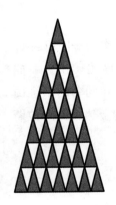

有可能将 49 个三角形（包括倒置的那些白色的）排列成一个相同形状的大三角形。不过,对于任何平方数都可以排列成这种结构,而不仅仅是 49。这里的原理是,任何平方数都可以写成两个相邻三角形数之和,正如我们在关于 36 的那个章节中已经看到的。在本例中,49 = 28(灰色) + 21(白色)。

或者,假如你去数每一行中的三角形数目(既包括白色也包括灰色),你就会得到 49 = 1 + 3 + 5 + 7 + 9 + 11 + 13。事实上,任何平方数都可以写成从 1 开始的几个连续奇数之和。

不过,49 是一个非常特殊的平方数,因为它是把 4 和 9 这两个平方数写在一起得到的,而它们的乘积 36 又是另一个平方数。

▽

49 不仅是一个平方数,它还具有一个独特的性质:假如你把 48 放在中间,你就会得到另一个平方数 4489。重复这个过程会产生另一个平方数 444 889,然后是 44 448 889,还是另一个平方数。

标准的乐透游戏是从一组编号为 1 到 49 的球中抽出 6 个。假定这些球在被抽出后都不放回到大圆桶中(在概率的领域中,这被称为"不重置抽样"),那么可能抽到的组合总数就等于 $\frac{49!}{6!43!} = 13\,983\,816$。这个量可以写成 C_{49}^6,也可以用比较老式的符号 $\binom{49}{6}$,我们按照描述性的方法将它读作"49 选 6"。一般而言,"n 选 k"就等于 $\frac{n!}{k!(n-k)!}$,它的意思就是你所想的:从有 n 个物体的初始集合中选出 k 个物体。

美国在 19 世纪期间出现过两次淘金热。其中第一次——1849 年的加利福尼亚淘金热——导致大家用"49 人"这个词来描述矿工。歌曲《哦,我亲爱的,克莱门汀》(*Oh My Darling, Clementine*)和同名的旧金山足球队令这个词名垂史册。在 19 世纪的最后几年中,淘金热转向阿拉斯加的克朗代克河流域,而那里最终变成了第 49 个州。

50 $[2 \times 5^2]$

热播电视节目《天堂执法者》(*Hawaii Five - 0*)的标题源自夏威夷是美国的第 50 个州。(我知道这是显而易见的,不过我得承认,在这部连续剧的整个播放期间我从未想到过这一点。)美国国旗采用目前的构形以适应夏威夷的加入。这 50 颗星的网格状排布实质上是一个 4×5 阵列嵌套在一个 5×6 阵列内。

▽

美国国旗上的星总共出现过 27 种不同的构形,其范围从最初的 13 颗星到现今的 50 颗星。在关于 48 那个章节中说到的那种旗型之后,实际上还出现过一种有 49 颗星的旗型。尽管阿拉斯加和夏威夷是在同一年(1959 年)获准加入联邦的,但是它们的加入日期分跨在 7 月 4 日前后,而根据门罗(James Monroe)总统 1818 年签署的一项法令,国旗要在新的州加入后的接下去一个 7 月 4 日正式更新。因此,50 颗星的样式就在 1960 年 7 月 4 日正式生效,并且在 2007 年 7 月 4 日成为美国历史上历时最长的旗型。

▽

《创世记》(*Book of Genesis*)共有 50 章。

在飞镖游戏中,命中靶心"牛眼"（bull's eye,最里面的一圈称为
"牛"）值50分。

▽

在国际象棋中,假如在之前的连续50步中没有任何一枚棋子被吃,
也没有任何一枚卒移动过,那么一位棋手就可以宣布平局。这条规则最
初是在1561年由洛佩斯（Ruy Lopez）提出的,他的名字如今成了一种经
典的国际象棋开局名称。大约430年后,卡尔波夫（Anatoly Karpov）和卡
斯帕罗夫（Garry Kasparov）大战50多步才下到终盘,此时卡尔波夫还有
两枚马和一枚象,而卡斯帕罗夫只剩下一枚车（左图）。这场比赛的结局
特别吸引人的地方在于,卡斯帕罗夫也许没有意识到那条50步规则已经
适用了（平局不是自动生效的——必须有一位棋手提出这一要求）,因此
让他的车（在右图棋局的两步之后）去送死。不过,无论如何最后还是达
成了平局。倘若卡尔波夫当时吃掉那枚车的话,那么结果就会导致僵局,
而若不吃掉那枚送死的车就会使卡尔波夫在棋局最后阶段只剩下两枚
马,而一枚王加两枚马是不可能将死对方的!

▽

众所周知,$50 = 1^2 + 7^2 = 5^2 + 5^2$,而这是能够用两种不同方式表示为

两个平方数之和的最小数字。不过对这一事实存在着一种不那么为人们所熟知的几何解释。请看下列各图形：

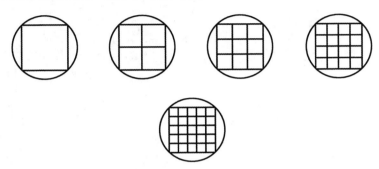

上排最左边的图展示的是一个正方形内接于一个圆。显而易见，你不可能再插入更多同样大小的正方形了。同样地，对于整个上排图形都是如此，最后一个是 4×4 的正方形。不过，当你将一个 5×5 的正方形内接于一个圆时，这个圆内就放得下另外四个小正方形了，如下面一排的那个图形所示。然而，这只是用另一种方式来说：一个两条直角边分别为 1 和 7 的直角三角形的斜边和一个两条直角边都等于 5 的等腰直角三角形的斜边是相等的，而这就是 $50 = 1^2 + 7^2 = 5^2 + 5^2$ 这个等式的全部意义所在。

51 [3×17]

1 979 339 339 这个数是一个素数，它具有这样一种罕见的性质：假如你从右手边开始去掉无论多少位数字，结果剩下的仍然是一个素数……前提是你把 1 也看成素数。这样的数被称为可右截短素数，或者更加形象地称为俄罗斯套娃素数。这想必是认识到这些小小的套叠木偶娃娃可以不断地一个个拆开，结果却发现有另一个更小的娃娃在里面。

当然，你也许在疑惑，这一切与 51 这个数有什么关系呢？答案是恰好存在着 51 个俄罗斯套娃素数，而 1 979 339 339 就是其中最大的一个。

▽

更加出名一点的 51 国集团是下面这些国家：阿根廷、澳大利亚、比利时、玻利维亚、巴西、白俄罗斯、加拿大、智利、中国、哥伦比亚、哥斯达黎加、古巴、捷克斯洛伐克①、丹麦、多米尼加共和国、厄瓜多尔、埃及、萨尔瓦多、埃塞俄比亚、法国、希腊、危地马拉、海地、洪都拉斯、印度、伊朗、伊拉克、黎巴嫩、利比里亚、卢森堡、墨西哥、荷兰、新西兰、尼加拉瓜、挪威、巴拿马、巴拉圭、秘鲁、菲律宾、波兰、沙特阿拉伯、南非、叙利亚、土耳其、

---

① 捷克斯洛伐克：现已分离成捷克和斯洛伐克两个国家。——译注

乌克兰、苏维埃社会主义共和国联盟①、大不列颠及北爱尔兰联合王国、美利坚合众国、乌拉圭、委内瑞拉和南斯拉夫②。

也许你想要思考一下这些国家有什么共同之处。或者我是否应该说它们过去有什么共同之处，因为它们现在并不是全都还存在，或者在某些情况下仍然存在但已经改成了不同的名字。（请参见答案。）

▽

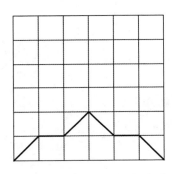

左边是一条从原点开始、终止于右侧 6 个单位处的路径。假设在此过程中仅有的合法步骤只有向右移动一个单位、对角向上移动一个单位和对角向下移动一个单位，那么总共有 51 条这样的路径。用数学行话来说，51 是第六个默慈金数，这是根据出生于柏林的美国数学家默慈金（Theodore Samuel Motzkin，1908—1970）的名字来命名的。

默慈金数出现在组合数学领域中的各种不同背景下，它是表示"计数"的时髦单词。例如，默慈金数计算了用嵌套的括号来组合一个字母能够创造出的表达式的个数。在总共用 6 个字符的情况下，这给了我们一种更加紧凑的方式来列出 51 种可能性：

你可以用〔 =／、x = − 和〕= ＼来转换成路径。

xxxxxx	xxxx〔〕	xxx〔〕x	xxx〔x〕	xx〔〕xx	xx〔〕〔〕
xx〔x〕x	xx〔xx〕	xx〔〔〕〕	x〔〕xxx	x〔〕x〔〕	x〔〕〔〕x
x〔〕〔x〕	x〔x〕xx	x〔x〕〔〕	x〔xx〕x	x〔xxx〕	x〔x〔〕〕
x〔〔〕〕x	x〔〔〕x〕	x〔〔x〕〕	〔〕xxxx	〔〕xx〔〕	〔〕x〔〕x

① 苏维埃社会主义共和国联盟：现已解体。——译注
② 南斯拉夫：现已解体。——译注

[]x[x]　[][]xx　[][][]　[][x]x　[][xx]　[][[]]

[x]xxx　[x]x[]　[x][]x　[x][x]　[xx]xx　[xx][]

[xxx]x　[xxxx]　[xx[]]　[x[]]x　[x[]x]　[x[x]]

[[]]xx　[[]][]　[[]x]x　[[]xx]　[[][]]　[[x]]x

[[x]x]　[[xx]]　[[[]]]

52 $[2^2 \times 13]$

除了因一年中的星期数和一架钢琴上的白琴键数而出名之外,52 还出现在各种各样的游戏之中。最明显的联系是一副牌有 52 张,由 4 种花色、每种花色 13 张牌构成。现在这些花色按照惯例分为黑桃、红心、方块和梅花,不过在过去的几个世纪中也出现过许多其他的符号,已知最早的花色中包括 14 世纪的马球棍、硬币、宝剑和杯子。

▽

也许不那么为人们所熟悉的是那个围绕着帕克兄弟最初否决大富翁游戏而展开的传说。据说游戏开发者达罗(Charles Darrow)被告知,他的创作中含有"52 条基本差错",其中包括规则的复杂性和长到荒谬的游戏时间。直到达罗在费城的沃纳梅克百货公司成功地售出这款游戏,美好结局才终于出现。帕克兄弟因此经过重新考虑后,使达罗成为通过发明游戏发家致富的第一人。

▽

在阿兹特克人的游戏"中美洲十字戏"中有 52 个方块。凑巧的是,阿兹特克的日历和玛雅人的日历一样,也实行一种 52 年的周期。不过这也许只是巧合而已,因为中美洲十字戏的出现时间早于阿兹特克文明。

据说中美洲十字戏有着宗教上的意义。尽管避免了在声名狼藉的阿兹特克球类游戏"*ullamaliztli*"中会有的活人献祭，但是假如中美洲十字戏的玩家们所下的赌注超过了他们能够负担的程度，那么理论上结果就可能会使他们沦落为契约佣工。（如果让帕克兄弟来看，这无疑就够得上是一条"基本差错"了。）

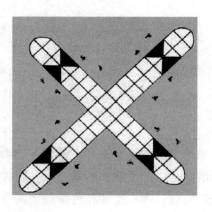

▽

大多数人都熟悉五行打油诗的结构：共有五行，第一行与第二行押韵，第三行与第四行构成另一对押韵的诗句，而第五行又与第一行押韵。这种 AABBA 的模式只不过是能为一首五行诗创造出来的 52 种格律之一。在组合数学领域中，52 被称为一个贝尔数，这是以出生于苏格兰的数学家和作家贝尔（Eric Temple Bell）的名字来命名的。

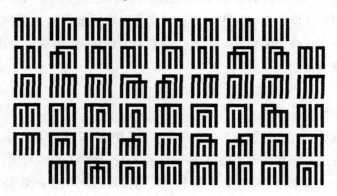

贝尔数与在 51 那个章节中介绍过的默慈金数一样，也可以用若干不同而又等价的方式来描述。前页那个图形中列出了"源氏香"中可能出现的 52 种布局。这种日本艺术形式中的图标由 5 根竖条加最上端的一根横条相连而构成。假如你将一根竖条看成是一个诗行，而将连接两根竖条的一根横条看成这两行诗押韵，那么一首五行诗可能采用的 52 种格律就由此刻画出来了。

$$1 \qquad 1$$
$$2$$

　　贝尔数的清单可以通过一种既要用到帕斯卡三角形又要用到斐波那契数的过程来创建。基本过程是，你先假设 1 是一个贝尔数，此时你像这样构建一个小三角形：此小三角形的上边是 1，1，而将上面一行的两个数相加构成其下方的那个数。因为 $1 + 1 = 2$，所以你就将 2 迎入这张清单。

$$1 \qquad 1 \qquad 2$$
$$2 \qquad 3$$
$$5$$

　　现在，既然 2 已经加入了贝尔数俱乐部，它就被添加到最上面一行，并用来产生下一个贝尔数 5，如上图所示。

$$1 \qquad 1 \qquad 2 \qquad 5 \qquad 15$$
$$2 \qquad 3 \qquad 7 \qquad 20$$
$$5 \qquad 10 \qquad 27$$
$$15 \qquad 37$$
$$52$$

　　将同样的过程再重复两次，就产生了上面这个三角形，而这个三角形就确定了 52 是第五个贝尔数。

　　用数学术语来说，第 n 个贝尔数就是将一个由 n 个物体构成的集合进行划分的方式数，或者可以说是将 n 个可区别的球放入 n 个不可区别的罐子中的方式数。第 n 个贝尔数也等于一个有 n 个互不相同的素因数的数的乘法分拆数。具体来说，2310 = 2 ×3 ×5 ×7 ×11 恰好可以用 52 种方式写成一个乘积的形式。

▽

1917 年，英国谜题大师杜德尼提出了"无三点一线问题"，问的是在一个 $n×n$ 的网格上能放多少个点而没有任何三个点位于同一条直线上。不难看出，对于 $n×n$ 的情况，理论最大值是 $2n$ 个点，因为只要超过这个值就会产生三个点出现在某一行或某一列上的情况。当 n 取哪些值时，确实可以达到 $2n$ 这个最大值？实际情况是，人们长期以来一直猜测对于足够大的 n，不存在任何解答。截至本文写作之时，最大的已知解答是下面的图片所描述的这种 52 个单位的结构。它是 1992 年由名字颇具色彩性的德国数学家弗莱门坎普（Achim Flammenkamp）[1]发现的。

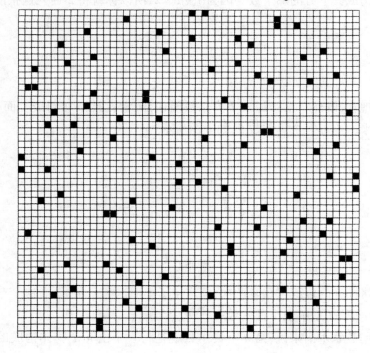

---

① flammen 是火焰的意思。——译注

53 [素数]

53 = (3 × 16) + 5,因此在(基数为 16 的)十六进制中 53 = 35。没有任何其他两位数转换成十六进制后正好是将其本身反序。不过,当你考虑更多位数时,反序的情况就大量出现了:371(= 173_{16}),5141(= 1415_{16})和 99 481(= $18\ 499_{16}$),而这三个数都是 53 的倍数。

▽

"威尼斯 53"是人们给 2004 年袭击意大利的博彩灾难起的名字。当时在威尼斯两周一次的乐透抽奖中,53 这个数在任何一次抽奖中都一直没有出现,持续时间长到超出了合理的限度(最终持续时间是在 2003 年 5 月到 2005 年 2 月这段时间内的 180 多次抽奖)。博彩者们由于为 53 的再度出现投注而损失了超过 20 亿美元的赌注。他们显然是忘记了,尽管 53 荒旷日持久,但它在任何一次特定抽奖过程中出现的概率并不大于其他任何数字。

▽

48　49　50　51　52　53　54　55　56　57　58

53 是两个方向上的 5 个相邻数都是合数的最小素数。(接下去具有此性质的素数是 89 和 157。)

在正整数范围内出现素数的频率是一个已被探索了数个世纪的课题。19 世纪初,高斯和法国数学家勒让德(他在 $n=5$ 这一唯一情况下证明了费马大定理)都推测:小于 n 的素数个数(用 $\pi(n)$ 表示)大约等于 $\dfrac{n}{\ln(n)}$,其中的 $\ln(n)$ 是 n 的自然对数。这个结论现在被称为素数定理,阿达马(Hadamard)和普桑(Vallee Poussin)在 1896 年分别独立地证明了这一定理。

$$\triangledown$$

老牌棒球迷们会记得,20 世纪 60 年代德赖斯代尔(Don Drysdale)在为洛杉矶道奇队打球时身穿 53 号球衣。不过并没有许多人知道,在电影《万能金龟车》(*The Love Bug*)中,制作人、道奇队球迷沃尔什(Bill Walsh)特意将他的号码赋予了在影片中首次出现的那辆大众甲壳虫车"赫比"。

54 [2×3³]

正五边形的面积等于 $\frac{5}{4}a^2\tan54°$，其中的 a 是边长。式中出现 54 是因为该面积是通过将正五边形分成五个全等的等腰三角形而计算出来的，每个三角形的三内角大小分别为 54°、54° 和 72°。

▽

最著名的迪斯科舞厅——曼哈顿 54 俱乐部——当时坐落在西 54 街 254 号。

▽

魔方上总共有 6×9 = 54 个面。

▽

"以北纬 54 度 40 分划界，否则开战！"这一表述是波尔克（James K. Polk）1844 年的一条竞选口号。这条口号隐含的威胁是，为了将俄勒冈州的北方边界设定在 54°40′纬线处，波尔克不惜与加拿大开战。然而，这一战事并没有发生，且该边界于 1846 年被正式划定在 49°。不过，54°40′纬线继续存在：它是阿拉斯加最南端的纬度。它也是一种时髦的被面花纹的名字。大家认为这体现了爱国主义,令人惊喜。

▽

托蒂(Gunther Toody)和马尔登(Francis Muldoon)在情景喜剧《54 号车,你在哪里?》(*Car 54, Where Are You?*)中驾驶一辆红色轿车,然而,那个年代真实的警车却是绿色的。这辆车与众不同的颜色使它在纽约市里拍摄行驶外景时不会造成混淆。然而,这部电视剧的观众们一直不知道其中的差别,因为《54 号车》播出时(1961—1963 年)只有黑白片。

▽

截至写作本书时为止,非洲共有 54 个国家,从阿尔及利亚到津巴布韦。

▽

我们在关于 15 的章节中讨论二次型时曾提到过,伟大的印度数学家拉马努金确定了 54 个具有 $aw^2 + bx^2 + cy^2 + dz^2$ 形式的表达式,它们可以生成所有的正整数。这些表达式的系数列表如下:

[1,1,1,1]	[1,1,1,2]	[1,1,1,3]	[1,1,1,4]	[1,1,1,5]	[1,1,1,6]
[1,1,1,7]	[1,1,2,2]	[1,1,2,3]	[1,1,2,4]	[1,1,2,5]	[1,1,2,6]
[1,1,2,7]	[1,1,2,8]	[1,1,2,9]	[1,1,2,10]	[1,1,2,11]	[1,1,2,12]
[1,1,2,13]	[1,1,2,14]	[1,1,3,3]	[1,1,3,4]	[1,1,3,5]	[1,1,3,6]
[1,2,2,2]	[1,2,2,3]	[1,2,2,4]	[1,2,2,5]	[1,2,2,6]	[1,2,2,7]
[1,2,3,3]	[1,2,3,4]	[1,2,3,5]	[1,2,3,6]	[1,2,3,7]	[1,2,3,8]
[1,2,3,9]	[1,2,3,10]	[1,2,4,4]	[1,2,4,5]	[1,2,4,6]	[1,2,4,7]
[1,2,4,8]	[1,2,4,9]	[1,2,4,10]	[1,2,4,11]	[1,2,4,12]	[1,2,4,13]
[1,2,4,14]	[1,2,5,6]	[1,2,5,7]	[1,2,5,8]	[1,2,5,9]	[1,2,5,10]

看来我们有必要对其中的符号稍加说明。当我们说 [1,2,3,8] 是一个通用的二次型时,我们的意思就是说,任何正整数对选定的某一组 w, x, y, z 都可以表示为 $w^2 + 2x^2 + 3y^2 + 8z^2$ 的形式,对其他四元数组也一样。

我个人最爱的是[1,2,3,4](即前四个正整数)、[1,2,3,6](即前三个正整数后再加上它们的积或和)、[1,2,3,5](斐波那契数)和[1,1,2,6](我的生日,如果去掉第一个和第三个逗号,并使用美式生日表示法①的话)。

拉马努金能取得这个成就很了不起,这是因为他既没有接受过任何数学方面的正规训练,也没有使用现代计算工具的可能。但可惜的是,拉马努金于 1920 年去世,年仅 32 岁。

---

① 美式生日表示法月在前日在后,因此去掉第一个和第三个逗号后是 11, 26,即 11 月 26 日。——译注

55 [5×11]

55 是第十个斐波那契数,也是第十个三角形数,而且在既是斐波那契数又是三角形数的那些数中,它是最大的一个。

▽

```
A B B A C A C B B A        A C A B C A C C A B
 C B C B B B A B C          B B C A B B C B C
  A A A B B C C A            B A B C B A A A
   A A C B A C B              C C A A C A A
    A B A C B A                C B A B B A
     C C B A C                  A C C B C
      C A C B                    B C A A
       B B A                      A B A
        B C                        C C
         A                          C
```

上面的这两个三角形中各自包含着 55 个字母,并且它们的构建方法产生了一些令人惊奇的结果。首先,字母 A、B、C 在最上面一行的放置方式或多或少是任意的。第二行则是由以下规则确定的:假如第一行中的两个相邻字母是不同的,那么就在它们之间的第二行放置第三个字母。假如两个相邻字母是相同的,那么就在下方重复这个字母。不断继续这个过程,直到最后的第十行只剩下一个字母为止。

请注意,在左边这个三角形中,最上面一行的第一项和最后一项是相同的,也就是 A,而最下面的字母也是 A。在右边的三角形中,左上角和右上角的两个字母是不同的(A 和 B),而最下方的字母是第三个(C)。猜猜怎么着?无论你在最上方一行中如何放置字母,你总会得到相同的结果!(事实证明,三角形的高度要满足一定的条件才会有这一性质:它对于任何高为不能被 4 整除的偶数的三角形都奏效。)

▽

在篮球比赛中,55 这个数还有一种古怪但符合逻辑的意义。从历史上来说,在没有特许的情况下,55 是一位篮球手运动服上的最大号码。为什么?下一次你看到一位裁判宣判某人犯规时请查看一下。这位裁判必须要通知记分台是谁犯了规,而这样做的标准方法是用两只手各举起恰当数量的手指,以表示这位篮球手运动服上的号码。除非裁判们开始长出额外的手指,否则 6、7、8、9 这些数都是不可能办到的,因此他们能够顺手表示出来的最大数字就是 55[①]。

▽

55 不仅是一个三角形数,它还是一个方棱锥数。这是什么意思?是这样的,从一个 5×5 的保龄球阵列开始。利用这些球之间的空间,在其上方放置一个 4×4 阵列,以此类推。到你达到这个金字塔顶端的那个单独的保龄球时,你会用掉总共 25 + 16 + 9 + 4 + 1 = 55 个保龄球。(另外一种说明方法是,一个 5×5 网格沿着其网格线总共构成 55 个正方形。)

▽

下页上的这个奇异的形状是怎么回事?

答案就是,这个形状有 55 个单方格,并且可以用两种方式来铺陈:用尺寸为 1×1 到 1×10 的长方形,或者用尺寸为 1×1 到 5×5 的正方形。

---

① 与我们不同,欧美人不会用一只手表示 6,7,8,9。——译者注

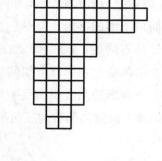

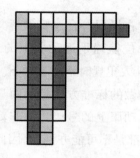 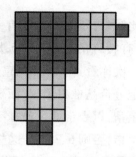

这两种铺陈是演示 55 既是一个三角形数又是一个方棱锥数的一种二维方式——这一点确实很不寻常,我们会在关于 91 的章节中讨论这一点。

56 [2³×7]

56 这个数在美国为什么会成为公众意识的一部分？其中最可能的理由必定是迪马乔（Joe DiMaggio）连续 56 场击出安打[1]。迪马乔的这一成就完成于 1941 年，现在被广泛认为是难以企及的，可以与赛·扬（Cy Young）的 511 胜、克劳福德（Sam Crawford）的 312 次三垒安打，以及，呵呵，赛·扬的 316 败相媲美。没有人曾严肃地挑战过迪马乔的纪录。自从 1941 年以来的最佳连续安打是罗斯（Pete Rose）1978 年创造的 44 场。保罗斯（John Allen Paulos）曾指出，迪马乔作为一位打击率为 0.325 的职业击球手，他在一个赛季中连续 56 场击出安打的可能性非常小——小到十万分之一的数量级。

▽

英格兰南部巨石阵的 56 个奥布里洞似乎应该比迪马乔连续安打的存在时间要长久得多，不过从某种意义上来说却并不是这样。巨石阵本身可以追溯到公元前 3000 年，但是直到古文物研究者奥布里（John Au-

---

[1] 安打（hit）是棒球运动中的一个名词，指打击手把投手投出来的球击出，使打者本身能至少安全上到一垒的情形。依照打击手本身到达的垒包，可分为一垒安打、二垒安打、三垒安打及本垒打 4 种。——译注

brey)在 1666 年到访此处时才发现这些洞,并被正式记录在案,而且其中的大多数直到 20 世纪才得到发掘。另外,奥布里洞具有天文学功能的说法并没有得到科学界一致的认可。

▽

在 56 位独立宣言的签署者中能找到多少位未来美国总统的名字?

假如你曾被如此描述的冷知识型问题问倒过,那么快速浏览一下这些签署者的清单就可以知道,答案是 4 位。其中两位——约翰·亚当斯(John Adams)和杰斐逊(Thomas Jefferson)——确实当上了总统。另一位本杰明·哈里森(Benjamin Harrison)是第九任总统威廉·亨利·哈里森(William Henry Harrison)的父亲,并与后一位哈里森的孙子同名,而这最后一位哈里森后来成了第二十任总统。第四个即最后一个名字有点牵强,不过从某种意义上来说,新罕布什尔州的巴特利特(Josiah Bartlett)是符合资格的,因为他的名字(去掉最后两个 t 中的一个)在电视连续剧《白宫风云》(*The West Wing*)中被用来作为辛(Martin Sheen)所饰演的虚构总统的名字。

▽

1	2	3	4	5
2	3	4	5	1
3	4	5	1	2
4	5	1	2	3
5	1	2	3	4

上图可能是 5×5 拉丁方阵的最简单例子。正如我们在关于 36 的那个章节中看到过的,一个 n 阶拉丁方阵就是一个 n×n 的阵列,通常使用从 1 到 n 的数,其中没有任何一行或一列中出现重复数字。一旦你创建

出这样一个方阵,你总是可以重新排列其中各列,从而使第一行由从 1 到 n 的数按顺序构成。而一旦你做完了这件事,你总是可以重新排列各行,从而使第一列从上至下依此为从 1 到 n 的数。这样得到的结果被称为简化(或正规化)拉丁方阵。上面的这个方阵是一种自动简化方阵,但总共存在着 56 种简化方阵,下面以每组 14 个、共 4 组的形式列出它们。5×5 拉丁方阵的总数等于 $56 \times 5! \times 4! = 161\,280$ 种。一般而言,假如 R_n 等于 n 阶简化拉丁方阵的数量,那么 n 阶拉丁方阵的总数就等于 $R_n \times n! \times (n-1)!$。

```
12345 12345 12345 12345 12345 12345 12345 12345 12345 12345 12345 12345 12345 12345
23451 21453 21534 21534 21453 21453 21534 21534 23451 23451 23514 23514 23154 23154
34512 34512 34152 34251 35214 35214 35421 35412 31524 31524 31452 31452 34512 34521
45123 45231 45213 45123 43521 43521 43152 43251 45132 45213 45123 45231 45231 45213
51234 53124 53421 53412 54231 54132 54213 54123 54213 54132 54231 54123 51423 51432

12345 12345 12345 12345 12345 12345 12345 12345 12345 12345 12345 12345 12345 12345
21453 23514 23514 23514 23154 23154 23451 23451 23451 23514 24153 24513 24531 24531
34521 34152 34251 34251 35412 35421 35124 35214 35214 35421 31524 31254 31254 31452
45132 45231 45123 45132 41523 41532 41532 41523 41532 41253 45231 45132 45123 45123
53214 51423 51432 51423 54231 54213 54213 54132 54123 54132 53412 53421 53412 53214

12345 12345 12345 12345 12345 12345 12345 12345 12345 12345 12345 12345 12345 12345
24513 24531 24153 24153 24531 24531 24153 24153 24153 24513 24531 24513 25134 25413
31452 31452 35214 35421 35124 35412 35214 35412 35421 35124 35214 35421 31452 31254
45231 45213 41532 41532 41253 41253 43521 43521 43512 43251 43152 43152 43521 43521
53124 53124 53421 53214 53412 53124 51432 51234 51234 51432 51423 51234 54213 54132

12345 12345 12345 12345 12345 12345 12345 12345 12345 12345 12345 12345 12345 12345
25431 25413 25431 25413 25134 25134 25134 25431 25413 25431 25134 25134 25413 25413
31254 31524 31524 31524 34251 34512 34521 34152 34251 34512 34251 34512 34152 34512
43512 43152 43152 43251 41523 41253 41253 41523 41532 41253 43512 43251 43521 43152
54123 54231 54213 54132 53412 53421 53412 53214 53124 53124 51423 51423 51234 51234
```

57　$[\,3\times19,2^5+5^2\,]$

　左图所示的是公认最复杂的至今仍在使用的汉字，其中包含着 57 个独立的笔画（不过，我得承认我并没有数过），它表示的是 biáng–biáng 面①中的 biáng。

▽

在美国，57 这个数在食品界通过"亨氏 57 变"而为人们所知。这家公司在 1896 年推出这条标语时，实际上供给市场的产品远远超过 57 种，但是 57 长期存在于他们的公司文化之中。亨氏的总部地址是宾夕法尼亚州匹兹堡市 57 号邮政信箱。

亨氏公司没有去建造一座 57 层的办公楼，这是该公司唯一没有利用 57 这个数的地方。这项任务是伍尔沃思（F. W. Woolworth）于 1913 年完成的，伍尔沃思大楼曾是世界上最高的大楼，直到 1930 年才被华尔街 40 号和克莱斯勒大楼同时超过。

---

① biáng–biáng 面是一种陕西关中特色面食，因为制作过程中有 biáng–biáng 的声音而得名。由于 biáng 字无法输入电脑，因此常用拼音代替，或写成"彪彪面""冰冰面"等。——译注

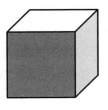

假如你有 3 种不同的颜色供你使用,并且你必须将一个立方体的每个面涂上这 3 种颜色之一,那么你就可以涂出 57 种互不相同的立方体。这里所说的"互不相同"指的是没有任何一种着色方式可以通过旋转而变成另一种。具体来说,可以证明用 k 种颜色(其中 $k = 1$ 至 6)的可能着色方式数等于 $\dfrac{(k^6 + 3k^4 + 12k^3 + 8k^2)}{24}$ 种,其中的 24 可以确认为是这个立方体可能的旋转方式数(6 个面,每个面以 4 种方式之一旋转)。代入 $k = 3$ 就得到了预期的 57 种着色方式。

▽

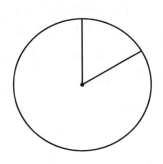

在高等三角学和微积分中,角度的单位一般采用弧度而不是度。1 弧度的定义为,圆上的一段等于其半径的弧长所对应的圆心角,如左图所示。事实证明,1 弧度等于 57 度多一点点。确切数字是 $\dfrac{360}{(2\pi)}$,取小数点后三位的话等于 57.296。

57

211

58 [2×29]

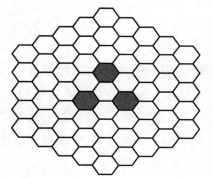

游戏"占领六边形"是黑白棋
(Othello)的一个在线或街机变种。游
戏的棋盘是一个六边形网格,且将其
内部六边形中的 3 个涂黑,这样总共就
有 58 个可以使用的空格。

▽

像六边形这样
的正多边形可以扩展形成各种不同的形状,这些形状
被称为原物体的星形扩展。花上一点时间去做星形
扩展,就会使 58 这个数再一次露面。我们首先来观
察右边这个六角星,通常我们把它看成是一对相互叠
放的等边三角形,而它其实也是将一个正六边形的各
边延长至相交而得到的。

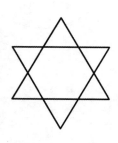

一个正八边形(下页图左)所产生的星形扩展不是一种,而是两种,
因为对于初始形状进行扩展后的各边(下页图中)本身又可以再次扩展
而形成下页右端的那个图形。

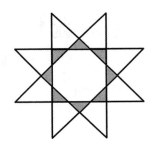

▽

　　在三维的情况下是不可能对一个四面体或立方体进行扩展的,正如在二维的情况下不可能对一个三角形或正方形进行扩展一样。不过,其他5种正多面体(参见关于5的章节)都至少有一种星形扩展。八面体有一种星形扩展,称为星形八面体。十二面体有3种互不相同的星形扩展。最后,二十面体总共有58种星形扩展,这看起来有点多到荒谬了。

59 [素数]

假如你将最前面的 2 个素数相乘后再加上 1，你就会得到 7，也是一个素数。假如你将最前面的三个素数相乘后再加上 1，你就会得到 31，也是一个素数。你可以用这种方式继续下去：

$$2 \times 3 + 1 = 7 \qquad\qquad 素数$$
$$2 \times 3 \times 5 + 1 = 31 \qquad\qquad 素数$$
$$2 \times 3 \times 5 \times 7 + 1 = 211 \qquad\qquad 素数$$
$$2 \times 3 \times 5 \times 7 \times 11 + 1 = 2311 \qquad\qquad 素数$$

不过，假如你再继续一步，这种模式就会戛然而止，而 59 这个数也粉墨登场了：

$$2 \times 3 \times 5 \times 7 \times 11 \times 13 + 1 = 30\,031 = 59 \times 509$$

当然，没有任何理由保证为什么前 n 个素数的乘积加 1 所得的结果本身也是一个素数。不过，这类构造形式在历史上具有其重要性，这是因为公元前 300 年左右，欧几里得曾用它的一种变体来证明必定存在无穷多个素数。也就是说，假设只存在有限多个素数。现在将这些素数乘在一起再加上 1。这个新的数可能是一个素数，也可能不是。但是我们确定地知道，如果这一新数有素因数的话，则其中没有任何一个可能会在我们这张假定完整的清单中，这是因为除了 1 以外，没有任何数能整除两个相邻数。因此，素数的任何有限集合都不可能是充分的。

当你用 59 去除以一些较小的数,从尽可能小的数开始,那么 59 这个数还会产生一张有趣的表格。

当你用 59 除以	你得到的余数是
2	1
3	2
4	3
5	4
6	5

你会注意到,上表成立的原因是 59 比 60 小 1,而 60 是能被 2、3、4、5、6 整除的最小数。(能被 6 整除从能被 2 和 3 整除就可推断出来。)认识到这一点后,你就应该能想到一个数,用它来取代 59,并能使这张表格扩展到将除以 7 的情况也包括在内。(请参见答案。)

59

215

60 $[2^2 \times 3 \times 5]$

关于 58 和 59 这两个数,没有太多内容可说,而 60 却有着大量的事物与其相关。关键在于整除性。58 只有两个素因数,59 是一个素数,而 60 却可以被前 3 个素数都整除,事实上还是能被最前面的 6 个正整数都整除的最小数,还是具有 12 个因数的最小数,其因数是 1、2、3、4、5、6、10、12、15、20、30 和 60 本身。

▽

一个等边三角形的三个角都正好等于 60 度。

▽

一小时有 60 分钟,一分钟有 60 秒。如今,大家将这些性质都视为理所当然,但它们事实上可以追溯到美索不达米亚文明,这些文明使用 60 来作为他们的计数系统的基数。巴比伦人没有表示零的符号,不过他们却能只用两个基本符号生成最前面的 59 个整数。

▽

这里有 60 的一个比较专业一点的性质。首先请注意,5 个元素有120 种排列方式($120 = 5! = 5 \times 4 \times 3 \times 2$)。任何一种排列方式都可通过

"对换"，即将某两个元素的位置
互换而获得。对于某种给定的排
列方式，或是需要偶数次对换，或
是需要奇数次对换。（这听起来
挺傻的，不过关键在于通过对换来

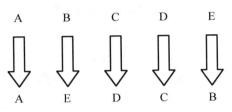

构建一种排列的方法不止一种，但是如果其中某种是用偶数次对换做到
的排列就不可能用奇数次对换来做到。）在 5 个元素的总共 120 种排列方
式中，有 60 种是"偶排列"。右上图所示的这种排列方式是偶排列，因为
它包含了偶数次（也就是两次）单独的对换——B 和 E 相互置换，C 和 D
也相互置换。

　　由于几种偶排列的组合本身也是偶排列，因此用数学术语来说，这些
偶排列构成了由 5 个元素的排列所构成的完整"对称群"（用 S_5 来表示）
的一个子群。这个被称为 A_5 的子群是最小的可能的非阿贝尔单群。非
阿贝尔这几个字的意思是，不同排列之间的乘法不满足交换律，而单这个
字则表示除了恒等排列以外，这个群中不包括任何其他真正规子群。

　　假如前述内容听起来不知所云，也不必担心。这只是数学的说话方
式，这种聪明的构思就是为了把人们吓跑的。不过，就数学世界而言，这
是 60 这个数的一次重要登场。

▽

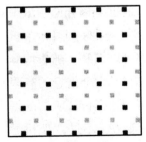

　　我们用一个比较容易理解的注解作为最后
结尾。左图所示的是"架桥通路"的棋盘。这种
游戏是已故美国数学家、经济学家盖尔（David
Gale）在 1960 年前后设计出来的。这块棋盘上
的 60 个点是凸起的，它们的作用是充当两种不
同颜色（实际游戏中是红色和黑色）棋子的着陆

点，而游戏的目标是要用你选择的颜色创建出一条不间断的路径，从棋盘
的一边通到另一边。这种游戏是不可能以平局收场的：游戏的一方或另
一方总是能创建出这样的一条路径。［对比之下，在 1960 年的总统选举

中,肯尼迪(John F. Kennedy)尽管没能使他获胜的南北各州或东西各州连接成一条链,但结果还是赢得了竞选。假如他能跳过密歇根湖的话,他原本是可以连通南北的——但是,假如这一点有可能做到的话,那么尼克松(Richard Nixon)就会在他的多个南北"胜利"之外还有一条东西链。无论如何,在"架桥通路"游戏中不允许出现任何"跳跃"。]

▽

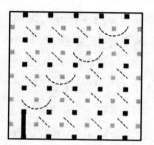

在我家中的某处藏有一副古老的"架桥通路"游戏,那是我小时候玩的。(这种游戏发明时我大约 6 岁。)不过我从未意识到,这种游戏在一位数学家看来简直没有什么价值,这是因为先出手的一方总是能设法获胜。早在 20 世纪 60 年代,格罗斯(Oliver Gross)推导出了制胜的策略,而加德纳则对其进行了传播。这种策略是黑方按照左图所示放置他的第一步棋,然后对方无论怎么走,黑方的走法都是要与对方棋子接触的虚线的另一头接触。

尽管"架桥通路"游戏的平凡无疑对于它的发明者和制造商(罗德岛的一家名叫哈森菲尔德兄弟的小公司,如今已改名为"孩之宝",成了一家不那么小的公司)而言都是一种失望,但是它对于某些类型的、需要以某种方式来"确定"的游戏而言却是很常见的。在这方面进行过开创性研究工作的是策梅洛(Ernst Zermelo,1871—1953),他也是集合论领域中的一位巨人。人们认为策梅洛提出了 1913 年的那条定理:在国际象棋中,白方或黑方都可以设法获胜,或者任何一方也都可以逼和。随着博弈论的发展,它所用的各种行话也在发展,现在你可以说"完全信息的有限二人零和博弈"是严格确定的。所幸,对于国际象棋手们而言,所谓的博弈树如此巨大,以至于实际计算总是超出了人类的能力。不过,"架桥通路"游戏的例子恰好是一种可以详细地制定出制胜策略的情况。

61 [素数]

在电视游戏节目《危险边缘》中,"危险边缘"和"双重危险边缘"这两个回合各自由 6 个类别构成,每个类别中都有 5 个问题(及回答)。再加上"终极危险边缘"中的一道总决赛题,总共就是 6×5＋6×5＋1＝61 个问题和回答,不过在大多数比赛场次中,参赛者并没有十分充足的时间来完成它们。

▽

这并不是《危险边缘》与 61 这个数之间的唯一联系:1961 年(20 世纪中唯一正向和颠倒过来读起来一样的年份),一位名叫特里贝克(Alex Trebek)的年轻新闻播报员在加拿大广播公司首次在电视荧幕亮相。特里贝克于 1973 年移居美国,并成为一名游戏节目主持人,他的天赋在 1984 年得到了回报,被指定为重新播出的《危险边缘》新版主持人。

▽

说到加拿大,一个冰球场的长度是 61 米,不过这里有点蹊跷。61 米这个数字仅适用于北美(即北美冰球联盟)标准,而且这是一个近似值,尽管相当接近 200 英尺这一精确测量的长度。在世界的其他地方,冰球场遵循公制单位。对于 61 这个数而言,不幸的是,国际冰球场的官方长度只有 60 米。不过，61 在冰球界中有着经久不衰的重要性，因为它表示了伟大的格雷茨基(Wayne Gretzky)到 1999 年退休为止所保持和享有的北美冰球联盟 61 项得分纪录。

▽

61 号公路是从美国、加拿大边境一路向南延伸到新奥尔良。它的路线起始部分经过明尼苏达州的希宾，那里是鲍勃·迪伦①的出生地。他在 1965 年发行的专辑《重游 61 号公路》(*Highway 61 Revisited*)令这条道路名垂青史。

▽

61 这个数在美国总统选举中充当着某种上限，因为没有任何候选人曾得到过 61% 以上的普选票。到撰写本文时为止，在美国竞选历史上得票百分比最高的是 1920 年的哈定(Warren Harding)、1936 年的富兰克林·罗斯福、1964 年的林登·约翰逊(Lyndon Johnson)和 1972 年的理查德·尼克松，他们分别得到了 60.5%、60.6%、60.6% 和 60.3% 的普选票。考虑到美国(America)一词的开头和结尾都是 A，因此美国各州名字中 A 是最常见的字母也是相称的，在 50 个州名中总共出现了 61 个 A。你也许会想知道，是否有任何一位总统候选人曾恰好赢得过所有这些名字中带有字母 A 的州？答案是否定的，差得远呢。

▽

一张标准视力表包含 61 个字母，它们分布在 11 行中。这样一张视力表被称为斯内伦视力表，以纪念荷兰眼科医师斯内伦(Hermann Snellen)，他于 1862 年发明了这张表。

---

① 鲍勃·迪伦(Bob, Dylan, 1941—　)，美国创作歌手、艺术家和作家，2016 年获诺贝尔文学奖。——译注

62 [2×31]

62 这个数出现在一道有名的脑筋急转弯题目中。它从下面这个包括 62 个正方形的图形开始。

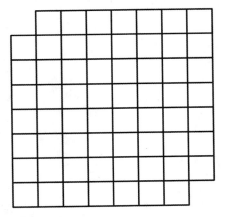

现在想象你有 31 块骨牌,每块的大小都是 1×2 个正方形,如下图所示:

我们知道 62 = 2×31,因此上图中的正方形数量就等于这 31 块骨牌上的正方形总数。那么,一个自然而然的问题就是,是否有可能用这 31 块骨牌覆盖那个 62 个正方形的完整区域? 假如你以前从未见过这个问题的话,你不妨探究一番。(请参见答案。)

$$\triangledown$$

谈到平方数,62 可以写成 $1^2 + 5^2 + 6^2$ 或者 $2^2 + 3^2 + 7^2$ 两种形式。它是能用两种不同平方数之和表示的最小数字。在井字棋棋盘上,要使 X 获胜(只有 X 能获胜)的 5 个 X 和 4 个 O 有 62 种不同的排列方式。

63 $[3^2 \times 7]$

卡鲁图里（Subrahmanyam Karuturi）博士拥有一个很长的名字。事实上，他有着世界上最长的名字。注意，这可不是在说他自己的名字，而是下面这个域名：

Iamtheproudowneroftelongestlongestlongestdomainnameinthisworld. com①

假如你花时间数一数的话，你会发现这个网址的主体部分有 63 个字母。卡鲁图里博士的纪录是不可能被打破的（至少在不求助于子域名花招的情况下是如此），因为 63 个字母是带有 .com 后缀的最长允许域名。

▽

"赛鹅图"游戏的棋盘上画着一只鹅，并且有 63 个围成螺线的格子。这个游戏是掷骰/追逐游戏大家族的前身，由沃尔夫（John Wolfe）于 1597 年最早注册。劳里（Laurie）发布的经典版本首先出现在 1831 年。就在那一年，英国还通过了《狩猎法令》（*Game Act*），该法令将雉、鹧鸪和松鸡分类为猎禽，并为它们规定了狩猎季节，但却没有提到鹅。鹅有过一年好日子吗？

---

① 这个域名主体部分的意思是"我是这个世界上最长、最长、最长的域名的自豪的拥有者"。——译注

25	16	80	104	90
115	98	4	1	97
42	111	85	2	75
66	72	27	102	48
67	18	119	106	5

91	77	71	6	70
52	64	117	69	13
30	118	21	123	23
26	39	92	44	114
116	17	14	73	95

47	61	45	76	86
107	43	38	33	94
89	68	63	58	37
32	93	88	83	19
40	50	81	65	79

31	53	112	109	10
12	82	34	87	100
103	3	105	8	96
113	57	9	62	74
56	120	55	49	35

121	108	7	20	59
29	28	122	125	11
51	15	41	124	84
78	54	99	24	60
36	110	46	22	101

　　上面画出的是一个 5×5×5 幻方的 5 个截面,其中的每一行、每一列、每一根对角线之和都相等(等于 315)。值得注意的是,5 阶幻方的存在直到 2003 年 11 月才得到证实。当时,博耶(Christian Boyer)和特朗普(Walter Trump)向全世界揭示了上图中的这种结构。当时已经知晓的是,2、3、4 阶幻方都是不可能实现的,因此一个有 5 面的幻方是可能实现的、最小的、有意义的情况。当时还知道的是,假如存在着这样一个幻方,那么它最中间的那个格子里必定会是 63 这个数,即 1,2,…,124,125 这个数串中的中间数。果然,这正是特朗普和博耶创造的那个幻方中心处的数。

64 [2^6]

64 这个数的许多特殊性质都是由于它是 2 的幂。在二进制算法至高无上的计算机运算中,64 比特已被广泛用于衡量各种类型数据的大小。("比特"这个单词实际上是"二进制数字"的缩写。)《64 000 美元问题》(*The* $64,000$ *Question*)中的 64 很难说是一个巧合,因为这个数是由 1000 美元赌注反复加倍而得到的,而 1000 美元本身则是从 1 美元连续加倍到 512 美元然后再加倍后近似得到的。($2 \times 512 = 1024$ 与 1000 相近的情况多年来在计算机世界中一直混淆,因为这两个数都可以用跟着一个 "K" 来表示,尽管前者表示的是二进制的千而后者表示的是公制单位的千。)

▽

一个立方体有 6 个面,双陆棋游戏中使用的倍增骰子上标的是从 $2^1 = 2$ 到 $2^6 = 64$ 的数。

▽

中国经典的《易经》中使用了一些被称为"六十四卦"的结构。它们是用 6 根横条堆叠而成的字符,每一行上的横条是断开的或不断开的(代表阴/阳)。熟悉二进制逻辑的读者立即就会认识到总共有 $2^6 = 64$ 种可能性。

有一种更加有名的结构,虽然它与 64 这个数之间的联系并不广为人知,那就是布莱叶盲文。布莱叶盲文共有 64 个字符,每个字符都是通过在 6 个固定位置之一放置一个凸起或不凸起的点而构成。正如《易经》中的卦一样,其结果有 64 种可能性,尽管布莱叶盲文有各种不同的版本。但是,这些字符中只有 26 个用来表示字母,其中前 10 个又同时被用来表示数字,并依靠另一个字符来提示你下面要出现一个数了。

下面这张图片是计算机图形学先驱诺尔顿(Ken Knowlton)制作的许多精巧镶嵌图案之一。这幅特别的镶嵌图案使用了 64 个布莱叶字符,每个都重复了 16 遍,最终构成了海伦·凯勒(Helen Keller)的模样。

甲壳虫乐队在 1967 年推出了歌曲《当我 64 岁》,当时这支乐队中甚

至还没有一个人年满 30 岁。准确地说,斯塔尔(Ringo Starr)于 2004 年 7 月达到 64 岁,而保罗·麦卡特尼(Paul McCartney)爵士于 2005 年 6 月达到此年龄。

▽

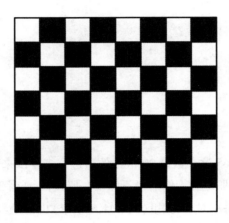

国际象棋冠军菲舍尔(Bobby Fischer,1943—2008)活到了 64 岁,从国际象棋棋盘有 64 个方格来看,这是富有诗意的寿命。国际象棋棋盘的黑白交替图案实际上为关于 62 的那个章节中的那道经典谜题提供了一条线索。

65　[5×13]

在某些方面,65 这个数是 20 世纪的遗迹。多年以来,它一直充当着强制退休的年龄,但那是当人们活得不像现在那么长,或者工作时间不像现在那么长的时候。每小时 65 英里(约 104.6 千米)也许是经验丰富的司机们最熟悉不过的限速了,但不知何故,它看来很可能挺不过这个世纪了,事实上这个限速在有些州已经下降了。幸运的是,美国社会在 2001 年发现了一种新的方式来纪念 65 这个数:全国大学生体育协会篮球锦标赛在这一年从 64 支队扩展到了 65 支队。其目的是要在正式锦标赛开幕前的一个星期中举行一场"热身"赛,而在这场比赛后,参赛队伍又缩减到了 64 支。

▽

从数学上来讲,关于 65 这个数有一件奇怪的事:虽然它离成为一个平方数还相差 1,但是它的好几个最著名的性质都是围绕平方展开的。我们会从下面这个随意的观察结果来展开我们的讨论:65 减去 56(它的反序数)等于 9,这是一个平方数,而 65 加上 56 等于 121,这也是一个平方数。

▽

更出名的事实是,65 是能用 2 种方式来表示为两个平方数之和的最小数字:$65 = 8^2 + 1^2 = 4^2 + 7^2$。从几何上来说,通过下页这幅图可以使这个等式更加生动形象,图中的一根线段是一个 1×8 长方形的对角线,而另一根线段则是一个 7×4 长方形的对角线。这两条线段看起来长度差不多相等,假如有任何疑问的话,通过毕达哥拉斯定理就可以证明它,这条定理诠释了每根线段的长度都等于 65 的平方根。

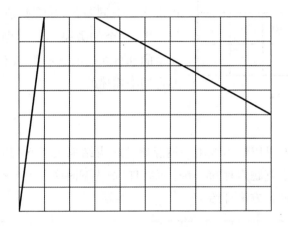

▽

在同样普遍的范围中,65 是能够用 4 种不同方式表示为一个直角三角形斜边的最小数字,因为我们有以下恒等式:$65^2 = 25^2 + 60^2 = 16^2 + 63^2 = 33^2 + 56^2 = 39^2 + 52^2$。这四个等式中的最后一个表示的是一个边长为 39、52 和 65 的直角三角形,其实就是那个著名的 3—4—5 直角三角形的每边长都乘以 13 而已。

▽

在下页左边的这个幻方中,所有行、列和对角线相加之和都等于 65。正如我们在关于 15 和 34 的章节中讨论过的,一个 $n \times n$ 幻方的幻常数是通过将从 1 到 n^2 的各个整数加在一起后再除以 n 而得到的:在本例中,从 1 到 25 的各数之和等于 325,然后再除以 5 就得到 65。

这个幻方实际上具有一种特殊的变化形式。请注意这个幻方的 4 个角,再加上中心那个方格,结果等于 1 + 17 + 9 + 25 + 13 = 65。乐趣还不止

1	15	24	8	17
23	7	16	5	14
20	4	13	22	6
12	21	10	19	3
9	18	2	11	25

于此。假如你取任何一个 3×3 子方阵,将其 4 个角和中心的数字相加,你也会得到 65:右下方的 3×3 方阵给出的是 13 + 6 + 2 + 25 + 19 = 65,以此类推。这相当酷,我肯定你也会同意的。不过,在正式的数学行话中,这个幻方是用泛对角的、结合的、完全的和自相似的这些更加不为人熟知的形容词来描述的。

▽

也许我们可以恰当地用一道经典谜题来结束关于 65 和平方(幻方)的讨论。这道谜题声称 65 = 64。我们首先从下面这个由 5 × 13 = 65 个单位方格组成的长方形开始。

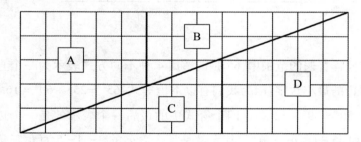

我们现在把上图中的这 4 片重新组合起来,构成一个 8 × 8 的正方形——只有 64 个单位方格了!

我们知道其中用到了某种花招,因为我们相当确定 65 不等于 64。这种错觉起因于这样一个事实:上面这个矩形中的"对角线"实际上是两条斜率不同的线段。假如你把这个正方形的各片拼回一个长

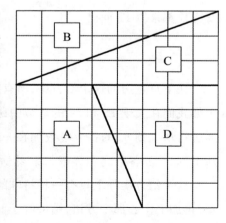

方形,那么这个长方形中就会有一个狭长的洞,其面积为1。

▽

说到洞、8×8 棋盘以及 65 这个数,假如你取一块 8×8 国际象棋棋盘,并去掉中间的 4 个方格,就会剩下 60 个单位方格,而它正好是一组 12 块五联骨牌的总格数(参见关于 12 的章节)。早在 1958 年,普林斯顿大学的斯科特(Dana Scott)就证明了 12 块五联骨牌能够以恰好 65 种不同方式填满这个国际象棋棋盘减去一个洞的空间。

66 [2×3×11]

66 号公路曾一度是连接芝加哥与洛杉矶的要道。与这条道路同名的电视连续剧讲述的是关于两个人——米尔纳（Martin Milner）和马哈伦斯（George Maharis）——在这条路上驾车过程中的各种冒险活动。这条公路本质上展现了美国的西部旷野。这部电视剧是在当地现场拍摄的，但是这些地点很少与它们在 66 号公路上的实际地点符合。（以这条道路命名的菲利普斯 66 号加油站也出现在别的地方。）凑巧的是，《66 号公路》的播放时间是从 1960 年到 1964 年，那是《州际公路法案》（Interstate Highway Bill，1956）通过的数年后，而那项法案早已注定了这条传奇道路将被忘却。

▽

我们在关于 6 的章节中已经知道，假如你在一张纸上画 6 个点，并用 2 种颜色之一来连接每一对可能的点，那么你就必定会构成一个各边都是同色的三角形，并且它的 3 个顶点就是这些点中的 3 个。在关于 17 的章节中，我们将这一概念拓展到 3 种颜色。拓展到 4 种颜色的情况变得有一丁点儿棘手，不过我们有可能利用从关于 17 的章节中得到的结论来证明：假如你在 66 个点中，用 4 种颜色之一来连接所有可能成对的点，那么你就必定至少会构成一个单色三角形。这种证明所依据的想法是将

66 与 17(17 是 3 种颜色的魔法数字)联系起来。假定你有一组 66 个点,使其中每对点都用一根线连接,而这条线为红、黄、蓝、绿 4 种颜色之一。随机选出一个点。从这个点可放射出 65 根线,又因为 65 > 16 + 16 + 16 + 16,所以这 4 种颜色中至少有一种必定会出现 17 次。在不失一般性的情况下,我们可以假设有 17 根红线。现在来考虑这些红线另一端的 17 个点。假如将其中任意 2 个点用红线相连,那么它们就必定会构成一个红色三角形,最初的那个点就是它的第三个顶点。但是假如其中没有任何一对点用红线相连,那么这 17 个点之间的所有连接线必定都是蓝色、黄色或绿色。然而,从关于 17 那个章节的结论可知,任何由 17 个点构成的集合,倘若用 3 种不同颜色的线段相连的话,就必定会出现一个单色三角形。

请注意,上面的证明并没有表明 66 是具有这种期望特征的最小数。到撰写本文时为止,这个最小数还是未知。对于绝大多数所谓的高阶拉姆齐数而言,情况都是这样。

▽

基督教圣经共有 66 卷。然而,假如再附加上另一个 6 的话,那么一切就都改变了:666 这个数被称为"兽数",它被视为极其邪恶的。

▽

1 测链(surveyor's chain)也被称为 1 冈特测链(Gunter's chain),或者就简称为 1 链(chain),其长度恰好等于 1 英里(约 1.6 千米)的 $\frac{1}{80}$,或者 $\frac{5820}{80} = 66$ 英尺。一块长 1 弗隆(约 0.2 千米)、宽 1 测链的土地,其面积恰好等于 1 英亩(约 4047 平方米)。人们相信 1 测链的宽度对应的就是一队牛能够轻松犁耕的宽度。尽管这种测量单位使用得越来越少,但如今仍然能找到它的身影。它作为宽度的情况不那么多,更多的是作为一种长度:一个板球场的宽度是 10 英尺(约 3 米),长度是 66 英尺,正好是 1 测链。

67 [素数]

　　67 这个数在"幸福大厦"（Mansion of Happiness）中发挥了作用，这是美国最早的棋盘游戏。这种游戏的制造者是 W. & S. B. Ives 公司。这是来自马萨诸塞州萨勒姆市的一家文具商，创建于 1843 年。尽管当时的清教徒文化不赞成孩子们在一些无聊的活动上浪费时间，但是事实证明"幸福大厦"却由于其隐含具有教育意义的弦外之音而令大众可以接受。这种游戏是由一位牧师的女儿阿博特（Anne Abbott）发明的，它鼓励玩家们在将他们的棋子走过一个向内的螺线时一路做善事。标注着慈善、勤勉和人道的方格代表奖励，而醉酒和忘恩负义则是惩罚。这个游戏的目标是要抵达位于棋盘中心的幸福大厦，即 67 号方格。

▽

　　整块披萨用刀直切 11 刀就能分成 67 块。一般而言，一块披萨切 n 刀最多能分成 $1 + \dfrac{n(n+1)}{2}$ 块，或者说是 1 加上第 n 个三角形数。此处出现三角形数的原因是，从最初的整块披萨开始，相继的每一刀都会最多增加 1 块、2 块、3 块，以此类推。

$\triangledown$

在美国参议院,任何对宪法的修正案都必须得到三分之二多数的赞成——出席并投票的 100 位参议员中的 67 位。这个数也适用于参议院规则的任何改变。特别是,在 1975 年,推翻程序性阻挠议事所需要的参议员人数从 67 人减少到 60 人,而这一变化也需要 67 位参议员赞成。

$\triangledown$

"问题 67 和 68"是芝加哥乐队(当时这支乐队的名字叫作"芝加哥交通管理局")第一张专辑中的一首歌。这个独特的标题产生了有关其名字由来的许多故事,而拉姆(Robert Lamm,键盘手和歌手)的最终解释却乏味得令人扫兴:这首歌显然是关于一个人(可能就是拉姆自己),他的女朋友在前两年中问了他很多问题。上述专辑于 1969 年发布,"问题 67 和 68"是第一面的第四首歌,在公告牌排行榜上最高排名第 71。

67

235

68 [$2^2 \times 17$]

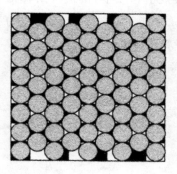

在一个标准的 8×8 国际象棋棋盘内可以放置多少个单位圆盘? 尽管总共有 64 个方格,而每个圆盘的直径也等于一个方格的边长,但此时的最大值却不是 64。通过将圆盘像图中所示的那样镶嵌在一起,就有可能放入 5 列 8 个圆盘和 4 列 7 个圆盘,因此总数就是 $(5 \times 8) + (4 \times 7) = 68$ 个圆盘。

以这种方式来填充圆盘是一种六边形填充,这与关于 6 的那个章节中所说到的蜂窝很相似。这种模式的理论填充密度大约是 90%,是在平面上使用圆填充的最有效方式。本例中的实际填充密度是 $\dfrac{68\pi}{(4 \times 64)} \approx$ 83%,出现较低的数值是由于在棋盘最上方和最下方浪费了空间。

此刻你姑且先相信我所说的话(以及那张示意图),即第九列确实可以放入棋盘内,但这一点也并不难证明。请注意,这些圆盘的中心构成了分布在整个网格中的许多等边三角形的各顶点。这些圆盘的总宽度等于 8 个这样的三角形的高再加上 1(这些三角形的左侧和右侧分别都有半个单位)。一个边长为 1 的等边三角形的高等于 3 的平方根(≈ 1.732)再除以 2，因此总圆盘宽度就是 $1 + 4 \times 1.732$，或者说约等于 7.93——仅仅比 8 小一点点。具体来说，任何小于 8×8 标准的棋盘都容纳不下这额外的一列。

▽

在八进制运算里，分数 $\dfrac{631\,254}{314\,526}$ 等于 2。其分子和分母由 1 到 6 的数字排列组合而成，且其商为整数的八进制分数恰好有 **68** 个。更有趣的也许是，倘若只用最初的 5 个（或更少）正整数的话，这样的分数则不存在。以 10 为基数的情况也与此类似。假如你取最初的 7 个（或更少）非零数字的话，没有两种它们的排列所构成的商是整数。不过，用 8 个数字的话就会有 2338 种可能，比如说 $\dfrac{86\,314\,572}{21\,578\,643} = 4$。用全部 9 个非零数字会产生 24\,603 种互不相同的结果。

▽

伟大的冰球手亚格尔（Jaromir Jagr）选择了 68 号球衣，以纪念 1968 年发生的布拉格之春事件，他的祖父和外祖父都在那场事件中失去了生命。亚格尔是第一位不是先叛逃到西方再被北美冰球联盟选中的捷克斯洛伐克球员。

68

69　[3 ×23]

　　从最早使用可编程计算器的时代以来,69 这个数作为上限始终有几分神秘。举例来说,德州仪器公司于 1977 年推出的 TI－59 计算器可以计算任何从 2 到 69 的阶乘。为什么有这个特别的上限? 原来,69 的阶乘——所有小于或等于 69 的正整数的乘积——约等于 1.71×10^{98}。将这个数乘以 70 就会使你得到的结果超过 10^{100} 大关,而这是 TI－59 及随后一代便携式计算器的截止点——你总得在某个地方停下来,对吗? 结果就是,69 作为可以用便携式计算器计算出其阶乘的最大数而赢得了一点名气。

▽

　　69 这个数还有一种好玩的性质:它的平方与立方中包含了从 0 到 9 的全部数字,每个数字出现且仅出现一次,而 69 是唯一具有此性质的数字。

$$69^2 = 4761$$

$$69^3 = 328\ 509$$

▽

　　69 的另一项更加值得注意的性质源自标准字母数字编码,其中 A =

1，B = 2，C = 3，以此类推。利用在数字命理学这一伪科学中常见的这种代码，就可以将任何单词或字母集合的值定义为其中各个字母值之和。特别是，这种代码可应用于罗马数字。69 发挥其作用的地方在于，它可以用罗马数字表示为 LXIX。这 4 个字母在标准代码中就等于 12 + 24 + 9 + 24 = 69。人们发现，仅有 2 个数等于其罗马数字的代码值，而 69 是其中之一。你能找到另一个（较小的）数吗？（请参见答案。）

▽

在美国，69 频道是数字最大的超高频（UHF）频道。它至高无上的地位可追溯到 1982 年，当时美国联邦通信委员会将从 70 到 82 的频道分拨给了移动电话。

▽

69 在八进制中等于 105，而 105 在十六进制中等于 69。虽然这种逆转的情况并不常见，但是从 64 到 69 这些数都具有这一性质。

▽

右图所示的这个"戈尔迪之结"谜题是根据亚历山大大帝在公元前 333 年所面对的一道难题而命名的。而且亚历山大最终"解开"了一个结，要么是劈开了，要么是从栓销上将它取了下来，反正在那之后征服亚洲的大部分地方就显得易如反掌了。解开戈尔迪之结的过程中当然是不允许切割的，不过要解答这道谜题最少要用到 69 步。

70　[2×5×7]

　　70 的真因数有 1、2、5、7、10、14 和 35。这七个数之和超过了 70（实际上是等于 74），然而它们没有任何一个子集相加之和恰好等于 70，信不信由你。但 70 是具有这一性质的最小数——即小于其各真因数之和但又不能表示为这些真因数的子集之和的最小数。更加难以置信的是，这类数还真有一个名字：奇异数。因此 70 就是最小的奇异数。

▽

　　取一个正方形，并将它分成 8 个等腰直角三角形，如左图所示。

　　将每个三角形涂上黑色或白色（不必去考虑各线段），就有可能构造出如下这些图案：

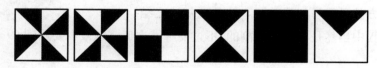

▽

　　"伊齐拼图"是尼克尔斯（Frank Nichols）在 1992 年设计并由总部位于弗吉尼亚州的拼图公司二元艺术（Binary Arts，现在改名叫 ThinkFun）

推出的游戏。这款拼图游戏正是由这种类型的图案构成的。总共有多少块？由于这 8 个三角形中的每一个都可能是这两种颜色之一，因此根据二进制逻辑可知应该总共有 $2^8 = 256$ 种可能的图案。不过，这种算法是将像右面这样的图形分开计数，即使其中一种可以通过简单地旋转 90 度就可以转化成另一种。考虑到任何一种形状都可以旋转 4 次回到

 和

它最初的状态，因此我们很容易想到将 256 除以 4 而得出 64。但是由于对称性的存在，这也并不完全正确。例如，那种全黑的图案再怎么旋转也不会发生任何变化。

利用一种被称为伯恩赛德引理的数学工具，可以简化实际图案数量的计算过程。[这种数学工具是以 19 世纪多产的群论学家伯恩赛德（William Burnside）的名字来命名的，尽管他显然与这一特别的现象毫无关系，因为这种方法可追溯到 19 世纪前半叶的柯西（Augustin Louis Cauchy）和弗罗贝尼乌斯（F. G. Frobenius）。]虽然伯恩赛德引理通常用"群"的"轨道"来表述，但这里的思想是，你从图案的总数（256）开始，加上关于 180 度旋转对称的图案数量（16），然后再加上关于顺时针和逆时针 90 度旋转对称的图案数量（4 + 4），得出总数为 280。现在你可以除以 4（同样是可能的旋转数），于是得到总计为 70 种互不相同的图案。

"伊齐拼图"向你挑战的是：要将各片拼图排列成各种 8 × 8 的正方形，使任何两片毗连拼图上的颜色相配，如下所示。

70

不过,请稍等片刻。一个 8×8 的正方形要用到 64 种图案,而我们刚刚花费了大力气来证明总共有 70 种图案。这里要指出的是,二元艺术公司的员工们挑出了 6 种拼图中最终不会使用的图案。这 6 种图案就是本节讨论开头所显示的那几个。

71 [素数]

$7! + 1 = 71^2$，此类等式已知的仅有 3 个，前面这个式子就是其中之一，另两个式子是 $4! + 1 = 5^2$ 和 $5! + 1 = 11^2$。

要弄清楚这是怎么回事，让我们先来详细写出这几个等式：

$$4 \times 3 \times 2 + 1 = 25 = 5^2$$

$$5 \times 4 \times 3 \times 2 + 1 = 121 = 11^2$$

$$7 \times 6 \times 5 \times 4 \times 3 \times 2 + 1 = 5041 = 71^2$$

换言之，71 是其平方比一个阶乘大 1 的已知的最大数字。正好等于 7 的阶乘加 1 这个事实，为这个等式两边都是 7 和 1 这个事实又起到了画龙点睛的作用。

研究表明，n 一直取到十亿，$n! + 1$ 一般都不是平方数，并且人们普遍认为 4、5、7 是满足这一点的仅有的几个 n 值。不过从学术上来讲，这个问题（内行们称之为布罗卡尔问题）仍然需要得到证明。

▽

最近去中国香港的访客们也许偶然遇见过一个名叫"71 俱乐部"的小去处。71 这个数在这个岛上有着特殊的重要性，因为 1997 年 7 月 1 日是中国政府对香港恢复行使主权的日子。7 月 1 日这个日期用广东话来说非常讨喜（*chat yat*）。

由于 71 和 73 都是素数,因此它们就是一对孪生素数。并且由于 71 和 17 都是素数,因此 71 又是一个"反序素数"。这个名字用来表示任何反序排列仍是一个素数的素数。不过,素数之间的联系可不止于此。假如你将所有小于 71 的素数相加,你就会得到 $2 + 3 + 5 + 7 + 11 + 13 + 17 + 19 + 23 + 29 + 31 + 37 + 41 + 43 + 47 + 53 + 59 + 61 + 67 = 568 = 8 \times 71$。一个数等于比它小的各素数之和的一个因数,并不是一个很重要的性质,但却相当罕见:接下去一个具有此性质的数是 3 691 119。71 与素数相关的最后一项性质是 $71^3 = 357\,911$,这个数是将从 3 开始的 5 个连续奇数串接在一起而得到的。

71 这个数在一个被称为"完满结局问题"的问题中发挥了一个相对比较简短的作用。我们首先注意到,假如你将 4 个点放在一张纸上,将它们连接起来并不一定会构造出一个凸四边形,下图就是一个反例。

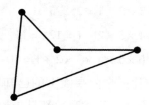

(凸的意思是说,连接这个四边形内部任意两点的任意线段都必定完全位于这个四边形内部,因此上面这一特别的图形并不符合条件。)

不过,假如你再添加第五个点,在没有三点共线的情况下,就总是有可能将这 5 个点中的 4 个连接起来而构建出一个凸四边形。

这个问题显然可扩展到具有四条边以上的多边形的情况。在这一探索过程中,传奇的埃尔德什证明了 71 个点总是足以确保构建出一个凸六边形。他的研究工作实际上证明了对于任何 n,总是存在着某个数,可称之为 $g(n)$,从而用 $g(n)$ 个点就会确保构造出一个有 n 条边的凸多边形。他甚至还在一个公式中给出了 $g(n)$ 的上限,当 $n = 6$ 时该公式得出的结果为 71。

1
到
200
的
身
世
之
谜　数字密码

244

正是由于埃尔德什的研究如此具有一般性，其他数学家们就可以毫无困难地对它加以改进了，如今我们已经知道 $17 \leqslant g(6) \leqslant 37$。不过，这还不能算是完满结局。这个问题出名的原因是，埃尔德什的两位研究此问题的同事——克莱因（Ester Klein）和塞凯赖什（George Szekeres）在研究这一问题的过程中订了婚，并最终结婚了。

72 $[2^3 \times 3^2]$

72 法则是回答"让你的钱翻倍要花费多长时间?"这个问题的一条捷径。例如,假设你希望你的投资以 8% 的年利率增长。用 72 去除以 8 会得到 9,因此你就可以预期你的钱会在 9 年后翻倍。

凑巧的是,在我选择的例子中,72 法则给出的估计值几乎恰好等于实际翻倍时间。对于非常小的或非常大的回报率,这个估计值的精度会比较低,但对于大多数可以认为合情合理的回报率而言都足够正确了。其他一些数字也可以使用(你会看到有人提到 70 法则、71 法则,甚至 69.3 法则,这取决于复利是如何给出的),不过 72 的优势在于,它能够被许多不同的数整除,其中包括 2、3、4、6、8、9、12 和 18。请记住,我们是在寻找一个估计值,而不是一个精确的答案,因此我们可以使用适用于我们的目标的一些数。

这条法则对于这一范围中的数奏效的原因是,这个翻倍时间的方程中含有 2 的自然对数,而它的值非常接近 0.69。当然,假如你想要让你的钱变成原来的 4 倍而不仅仅是 2 倍,那么你只要将 72 法则给出的那个数加倍就行了。(这一点也许很简单,但是常常被忽视。)

72 法则最值得注意的方面也许是它的"长寿"。这条法则出现在帕乔利(Luca Pacioli)修士的《算术总论》(*Summa de Arithmetica*)一书之中。此人曾和达·芬奇(Leonardo da Vinci)临时合作。那一年是 1494 年。假如帕乔利将他的毕生积蓄都用于一项每年收益为 $\frac{1}{7}$% 的永久性投资,那么我们根据 72 法则就会算出,他的投资额会在 21 世纪伊始翻倍。

▽

说到达·芬奇和帕乔利,这两个人还合作制成了 72 面球体,这是那个时代的一种广受欢迎的几何形状。帕乔利修士从达·芬奇的一些绘画中得到灵感,并在他 1509 年的《神圣的比例》(*The Divine Proportion*)一书中展示了这幅图。通过将一个球近似为一个多面体——它的体积是可以计算的——这个"球"就证实了一个

从欧几里得那个年代就已经知道的结论,即一个实际球体的体积与其半径的立方成正比。如今,微积分发明已久,甚至连高中生都能推导出 $V = \left(\frac{4}{3}\right)\pi r^3$ 这个公式了。

▽

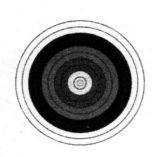

在许多国际射箭比赛,包括奥运会排名赛中,射箭运动员总共要射出 72 支箭。由于靶心内部金色区域值 10 分,因此最高得分就是 720 分。尽管射箭运动在最初的几届奥运会上就已经出现了,但是规范化问题带来的混乱又使它中断了许多年。它于 1972 年回归慕尼黑奥运会。

▽

当《纽约世界报》(*New York World*)记者布莱(Nellie Bly)在 1889 年 11 月 14 日那一天出发去环游世界时,她的目标是要挑战小说中福格

(Phileas Fogg)的 80 天(参见关于 80 的章节)。事实上,她的成绩比那略好一点,因为她在 1890 年 1 月 21 日那一天回到纽约,即 72 天又几个小时之后。

▽

72 这个数的各种乘法性质在一道有名的谜题中发挥着关键性作用,现在就请你来解答这道题。

酒吧里有一个人正在与酒保交谈。酒保问他有没有孩子,他回答说有 3 个。

然后他又询问他们的年龄,这个人回答说他们的年龄之积等于 72。

酒保说道:"这些信息不够啊。"

于是这个人又说,他们的年龄之和就写在酒吧的前门上。

酒保又说道:"这些信息还是不够啊。"

这个人说:"我最小的那个孩子喜欢吃冰淇淋。"

酒保说:"这样的话,我就能想出他们的年龄了。"

这些孩子的年龄是多大?(请参见答案。)

这道谜题的谜面中,有时用 36 来代替 72,但几乎从未采用 72 之后的、也能给出答案的那个数。想要猜猜这个数是多少吗?(请参见答案。)

73　[素数]

73 这个数在古代钟表制作中发挥着作用,这与每年有 365 天且 $73 = \frac{365}{5}$ 有关。右面这张图中显示的漏壶(水钟)是公元前 3 世纪建造的。带有 5 个水格和 73 个齿的钟可以构造出一个 365 天的周期。

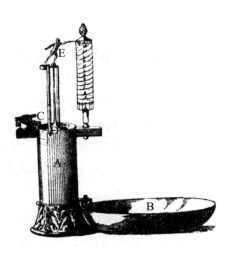

▽

下面这张图说明 73 是一个星形数。这颗星中总共有 73 个点,内部六边形中的点数为 37,即 73 的反序数。

▽

有一道古老的谜题要求解题者用 4 个 4,配合基本的算术运算,包括小数点、平方根和阶乘,来得出各种不同的正整数,如:

$$1 = \frac{(4+4)}{(4+4)}, \quad 2 = \frac{(4 \times 4)}{(4+4)},$$

等等。正如你可以

预料的,对于那些较大的数,事情就变得有点复杂了。例如,$70 = 44 + 4!$ $+ \sqrt{4}$,$71 = \dfrac{(4! + 4.4)}{(.4)}$,而 $72 = 44 + 4! + 4$。不过,我并没有列出 73 的一个简单表达式,因为根本就没有这样的表达式。事实就是这样。73 这个数是不存在类似简单表达式的最小数字。

▽

在华林定理的背景下,我们可以说一切正整数都可以写成不超过 73 个六次幂之和(不一定要互不相同)。

▽

73 这个数还出现在一条近期关于整数的不同类型的表示方式的定理中。请回忆一下在关于 4 的章节中讲到的,任何正整数都可以表示为最多 4 个完全平方数之和。更具一般性的是,普林斯顿大学的康韦证明了著名的 15 定理,即,假如有一个二次型可以表示从 1 到 15 的数,那么它就可以表示一切正整数。(二次型是指其中变量都为二次方的任何表达式:$a^2 + b^2 + c^2 + d^2$ 是这样一种形式,$a^2 + 2b^2 + 3c^2 + 4d^2$ 也属于这类形式。)

巴尔加瓦(Manjul Bhargava)在普林斯顿读研究生期间接触到了这些微妙之处,他还将它们提高了一步。他的非凡结论之一是,假如一个二次型(一种正定的、矩阵定义的形式,不过这是另一件事了)可以表示到 73 为止的所有素数,那么它就可以表示一切素数。

74 [2×37]

在将近 4 个世纪的时间里,74 这个
数表示的是三维球存储问题的一种未
经证实的上限。开普勒在他 1611 年的
那本著名的《论六角雪花》(*Strena sue
de nive sexangula*,参见关于 6 的章节)
中猜想,没有任何存储方式比标准的棱
锥形(或六边形)的存储效率更高。这
样一种存储的密度是 $\frac{\pi}{3}\sqrt{2}$,仅超过 74%

一点点。而长期未解决的问题在于,是否有可能找到另一种存储方式能
占据超过可用空间的 74%。

1831 年,高斯证明了开普勒的猜想对于规则的网格是成立的。不规
则的网格(它的意思差不多就是你认为的意思)本质上出于两个原因而
造成了问题。首先,不规则存储的分类要比规则存储困难得多。其次,在
有限量的空间里,实际上有可能构造出一些比六边形存储更致密的不对
称排列。(这一猜想适用于整个三维空间。)

与四色地图问题一样,直到计算机时代提供了必需的分析工具之后,
开普勒的猜想才得以解决。密歇根大学的黑尔斯(Thomas Hales)于 1998

年发布了一种借助计算机的验证。开普勒显然一直以来都是正确的。

黑尔斯倘若以一趟前往位于澳大利亚大堡礁中心地带的圣灵群岛（Whitsunday Islands）之旅来庆祝他的成就，那倒应该是很合适的。尽管这些岛屿中只有 7 座有人居住，但它们的总数是 74 座。

▽

回到西半球，由土木工程师萨菲尔（Herbert Saffir）和气象学家辛普森（Robert Simpson）于 20 世纪 70 年代初建立起来的萨菲尔-辛普森飓风等级规定，只有风速达到每小时 74 英里（约 119 千米）的暴风雨才能被正式称为飓风。这种等级从 1974 年开始逐渐得到广泛应用，而辛普森也从那一年开始不再担任美国国家飓风中心主任。

75 [3×5²]

只有 4! = 24 种方式来排列 4 个物体。不过,假如这个排列体系将捆绑的情况也考虑在内的话,那么这个数字就会一直上升到 75。列出全部 75 种可能性的一种方法是,首先列出这 4 个物体的 24 种标准排序,随后用括号将包括 2 位选手的捆绑形式列为一组,再将包括 3 位选手的捆绑形式列为一组,然后划去所有的重复情况。基本规则是,我们将括号里的字母中不按字母表顺序排列的所有情况都除去。当然,我们也不能忘记

						24
ABCD	ABDC	ACBD	ACDB	ADBC	ADCB	
BACD	BADC	BCAD	BCDA	BDAC	BDCA	
CABD	CADB	CBAD	CBDA	CDAB	CDBA	
DABC	DACB	DBAC	DBCA	DCAB	DCBA	

						12
[AB]CD	[AB]DC	[AC]BD	[AC]DB	[AD]BC	[AD]CB	
~~[BA]CD~~	~~[BA]DC~~	[BC]AD	[BC]DA	[BD]AC	[BD]CA	
~~[CA]BD~~	~~[CA]DB~~	~~[CB]AD~~	~~[CB]DA~~	[CD]AB	[CD]BA	
~~[DA]BC~~	~~[DA]CB~~	~~[DB]AC~~	~~[DB]CA~~	~~[DC]AB~~	~~[DC]BA~~	

						12
A[BC]D	A[BD]C	~~A[CB]D~~	A[CD]B	~~A[DB]C~~	~~A[DC]B~~	
B[AC]D	B[AD]C	~~B[CA]D~~	B[CD]A	~~B[DA]C~~	~~B[DC]A~~	
C[AB]D	C[AD]B	~~C[BA]D~~	C[BD]A	~~C[DA]B~~	~~C[DB]A~~	
D[AB]C	D[AC]B	~~D[BA]C~~	D[BC]A	~~D[CA]B~~	~~D[CB]A~~	

						12
AB[CD]	~~AB[DC]~~	AC[BD]	~~AC[DB]~~	AD[BC]	~~AD[CB]~~	
BA[CD]	~~BA[DC]~~	BC[AD]	~~BC[DA]~~	BD[AC]	~~BD[CA]~~	
CA[BD]	~~CA[DB]~~	CB[AD]	~~CB[DA]~~	CD[AB]	~~CD[BA]~~	
DA[BC]	~~DA[CB]~~	DB[AC]	~~DB[CA]~~	DC[AB]	~~DC[BA]~~	

						4
[ABC]D	[ABD]C	~~[ACB]D~~	[ACD]B	~~[ADB]C~~	~~[ADC]B~~	
~~[BAC]D~~	[BAD]C	~~[BCA]D~~	[BCD]A	~~[BDA]C~~	~~[BDC]A~~	
~~[CAB]D~~	~~[CAD]B~~	~~[CBA]D~~	~~[CBD]A~~	~~[CDA]B~~	~~[CDB]A~~	
~~[DAB]C~~	~~[DAC]B~~	~~[DBA]C~~	~~[DBC]A~~	~~[DCA]B~~	~~[DCB]A~~	

						4
A[BCD]	~~A[BDC]~~	~~A[CBD]~~	~~A[CDB]~~	~~A[DBC]~~	~~A[DCB]~~	
B[ACD]	~~B[ADC]~~	~~B[CAD]~~	~~B[CDA]~~	~~B[DAC]~~	~~B[DCA]~~	
C[ABD]	~~C[ADB]~~	~~C[BAD]~~	~~C[BDA]~~	~~C[DAB]~~	~~C[DBA]~~	
D[ABC]	~~D[ACB]~~	~~D[BAC]~~	~~D[BCA]~~	~~D[CAB]~~	~~D[CBA]~~	

[ABCD]　　　　　　　　　　　　　　　　1

总数　　　　　　　　　　　　　　　　　75？

第75种情况——4个物体全都捆绑在一起。不过,有什么地方出问题了:各列的数量相加并不等于应该有的75种。

我们漏掉了哪些可能性？（请参见答案。）

254

76 $[2^2 \times 19]$

假如你将 76 这个数与它自己相乘，你就会得到 5776，这个数的最后两位数字是 7 和 6。显而易见，假如你继续乘以 76，你总是会得到一个以 76 结尾的数。一个出现在其所有幂次结尾处的数，被称为自守数。事实上，所有自守数都是以 25 或 76 结尾的。

▽

我们曾讨论过（参见关于 22 的章节）将整数分拆成几个较小正整

```
31+17+11+7+5+3+2   37+13+11+7+5+3    41+17+11+5+2   43+23+7+3    71+3+2   73+3
29+19+11+7+5+3+2   31+19+11+7+5+3    37+29+5+3+2    43+19+11+3   67+7+2   71+5
29+17+13+7+5+3+2   31+17+13+7+5+3    37+23+11+3+2   43+17+13+3   61+13+2  59+17
23+19+17+7+5+3+2   29+19+13+7+5+3    37+19+13+5+2   43+17+11+5   43+31+2  53+23
23+19+13+11+5+3+2  23+19+13+11+7+3   37+19+11+7+2   41+23+7+5             47+29
23+17+13+11+7+3+2  23+17+13+11+7+5   37+17+13+7+2
                   59+7+5+3+2        31+29+11+3+2
                   53+13+5+3+2       31+23+17+3+2
                   53+11+7+3+2       31+23+13+7+2
                   47+19+5+3+2       31+19+17+7+2   41+19+13+3   37+19+17+3
                   47+17+7+3+2       31+19+13+11+2  41+19+11+5   37+19+13+7
                   47+13+11+3+2      29+23+19+3+2   41+17+13+5   31+29+13+3
                   43+23+5+3+2       29+23+17+5+2   41+17+11+7   31+29+11+3
                   43+19+7+5+2       61+7+5+3                    31+23+19+3
                   43+17+11+3+2      53+13+7+3                   31+23+17+5
                   43+13+11+7+2      53+11+7+5      37+31+5+3    29+23+19+5
                   41+23+7+3+2       47+19+7+3      37+29+7+3    29+23+17+7
                   41+19+11+3+2      47+17+7+5      37+23+13+3   29+23+13+11
                   41+17+13+3+2      47+13+11+5     37+23+11+5   29+29+17+11
```

数。在这个主题中,数论学家们深入研究的是将整数分拆成素数——特别是分拆成互不相同的素数。事实证明,较小的那些数具有相对较少的分拆方式。例如,15 这个数只有 2 种分拆成不同素数的方式——13 + 2 和7 + 5 + 3。当然,一个数的不同素数分拆方式的数目最终会比这个数本身还要大得多。就是那么凑巧,76 正是转折点。将 76 这个数分拆成不同素数的方式有 76 种,它们就藏在前页图之中。

77 [7×11,4×4+5×5+6×6]

七十七国集团是一个发展中国家的联盟,最初是在 1964 年由 77 个创始国在阿尔及尔组织起来的。这个集团自那时以来已发生了相当程度的扩大,但是其初衷未改:促进其各成员国的经济发展。

第二次世界大战期间,在瑞典/挪威边界上,"77"被用来作为一个口令,这是因为它在瑞典语中发音很拗口,因此很容易借此来确定说话者是瑞典人、挪威人还是德国人。

77 的分拆

77 是不能组合成一美元的最少硬币数。请注意,76 个硬币的解答是不值一提的——75 个一美分加上 1 个二十五美分。用 75 个硬币组成 1 美元的方式可以是 70 个一美分、4 个五美分和 1 个十美分,以此类推,一直到只用 1 个一美元硬币。

$$\triangledown$$

$$77 = 3 + 4 + 5 + 5 + 60 \qquad \frac{1}{3} + \frac{1}{4} + \frac{1}{5} + \frac{1}{5} + \frac{1}{60} = 1$$

请注意上面这些求和过程中 5 的重复出现:事实证明,77 不能写成互不相同的、倒数和等于 1 的几个数的和,而且它是具有这一性质的最大数字。（参见关于 22 和 96 的章节。）例如：

$$100 = 2 + 6 + 7 + 8 + 21 + 56 \qquad \frac{1}{2} + \frac{1}{6} + \frac{1}{7} + \frac{1}{8} + \frac{1}{21} + \frac{1}{56} = 1$$

$$\triangledown$$

加利福尼亚州帕萨迪纳市的玫瑰碗球场是加州大学洛杉矶分校棕熊队的常规赛主场，并从 1923 年开始主办玫瑰碗橄榄球赛。按照定义，一个碗形就应该有一排排不间断的座位，而不是分成不同的看台（于是你从任何座位上都可以看到其他所有座位），而玫瑰碗体育场从最上排到最下排共有 77 排有编号的座位。

78　[2×3×13]

一个典型的 15×15 填字游戏格(这是美国各家日报所采用的规格)
中通常包括 78 个条目。条目的数量可以在相当程度上有所减少,但是多
于 78 个条目的填字游戏通常会遭到顶级游戏编辑的退稿。

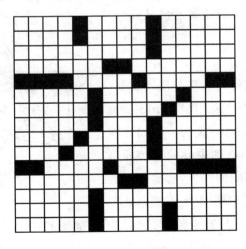

▽

在黑色方块世界的其他地方,共有 35 种可能的七联骨牌(将七个正
方形各边相连所构成的图形),下页图显示了其中之一。数学家们对于此
类物体的各种铺陈性质尤其感兴趣。1989 年,达尔克(Karl Dahlke)证明

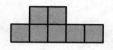

了一条非凡的定理:需要至少 78 块左侧这种图形,才能铺陈一个长方形。

▽

说到长方形,一个网球场从一边底线到另一边底线的距离为 78 英尺(约 24 米)。

▽

一副完整的塔罗牌共有 78 张——22 张大阿尔克那和 56 张小阿尔克那。

▽

78 是第 12 个三角形数,等于从 1 到 12 的各数之和。从这里我们可以看出,在《圣诞节的十二天》(*The Twelve Days of Christmas*)这首歌中共有 78 份礼物(不包括重复的情况)。

▽

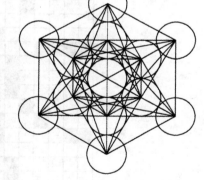

右边这幅图称为梅塔特隆立方体,是将排列成"生命之花"图案的 13 个圆的圆心连接起来而构成的。假如你将每一条这样的中心到中心的连接线都视为一条与众不同的线段,那么所得的结论就是,在这个图形中的线段总数等于 13(起点数)×12(终点数)再除以 2(以避免重复计算)=78。梅塔特隆是犹太教中的一位天使,而梅塔特隆立方体在炼金术和宗教方面有着丰富的历史。它曾一度被用来当做一种抵挡邪恶力量的手段。

79 [素数, $7 \times 9 + 7 + 9, 2^7 - 7^2$]

$$79 = 11 + 31 + 37$$
$$97 = 5 + 13 + 79$$

79 及其反序数 97 不仅都是素数,它们还给出了上面这个加法表中的各项和,其中所有的数都是可反序素数。

$$79 = 4 \times 16 + 15 \times 1 = 4 \times 2^4 + 15 \times 1^4$$

上面这个等式有点奇怪,不过,它所说的其实只是 79 可以写成 19 个四次幂之和:4 个 2 的四次幂和 15 个 1 的四次幂。就其本身而言,这并没有说明什么,因为华林定理已向我们确保:每一个数都可以写成 19 个四次幂之和。而 79 的不寻常之处是,它必须要有 19 个四次幂,而且是具有这一性质的最小数。

▽

以下是一道有名的脑筋急转弯题:

　　3 个盗贼偷了一堆椰子,并商定在第二天早晨来平分,然后他们就各自回去睡觉了。过了 1 小时以后,第一个盗贼决定取走他的三分之一。他将这些椰子三等分之后,还多了一个。他就把这个椰子给了一只猴子。又过了 1 小时,第二个盗贼决定对剩下的那些椰子做完全一样的事。而再过 1 小时以后,第三个盗贼也是如此。换言之,这后两个盗贼也各自取走了他们看到的那堆椰子的三分之一,并将剩余的一个椰子给了猴子。到了早晨,这几个盗贼平分了剩下的椰子,又多出一个给了猴子。倘若他们不必处理切分椰子的问题,那么一开始这堆椰子的可能最小数量是多少?

你能证明答案是 **79** 吗?(请参见答案。)

80 $[2^4 \times 5]$

在法语中,80 这个数是 *quater-vingts*,其字面意思就是 4 个 20。这个数最为著名的亮相可能是在 1873 年,即凡尔纳(Jules Verne)的《八十天环游地球》(*Le Tour de Monde en Quatre-vingts Jours*)一书的出版。

从技术上来讲,福格(Phileas Fogg)和他的同伴路路通(Passepartout)并没有完全"环游地球"。根据后凡尔纳时代建立起来的标准,正式的环球旅行必须通过两个对径点——即彼此完全相对的两个点。以下是福格提议的行程路线:

伦敦到苏伊士	火车和轮船	7 天
苏伊士到孟买	轮船	13 天
孟买到加尔各答	火车	3 天
加尔各答到香港	轮船	13 天
香港到横滨	轮船	6 天
横滨到旧金山	轮船	22 天
旧金山到纽约	火车	7 天
纽约到伦敦	轮船	9 天
总计		80 天

当然,一系列意料之外的事件令这张行程表发生了偏离,不过福格和路路通设法几乎提早一天回到了伦敦。唯一的问题是,他们觉得自己迟到了:他们忘记了由于他们是由西向东旅行,途中越过了国际日期变更线,于是无意之中白白多捡了一天。

▽

意大利经济学家帕累托(Wilfredo Pareto,1848—1923)做出了一项惊人的估计。他发现在他的国家里,80%的财富集中在20%的人手中。传奇的商业思想家朱兰(Joseph Juran)将这个现象称为帕累托定律,又名"80/20 法则"。朱兰把这条法则推广到制造业中的质量管理,此时表明的是问题的80%可归因于起因的20%。当然,80 和 20 这两个数并不是神圣不可动摇的,它们构成了一条有着大量应用背景的指导方针。下面这幅图更新了相关内容。对于帕累托定律的超现代形式,我们可以使用伍迪·艾伦①的那句著名的评论:"成功的80%就在于要露面。"

80/20 法则,填空样式

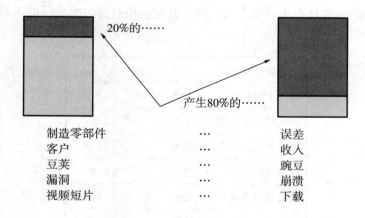

20%的……

产生80%的……

制造零部件	…	误差
客户	…	收入
豆荚	…	豌豆
漏洞	…	崩溃
视频短片	…	下载

---

① 伍迪·艾伦(Woody Allen,1935—),美国电影导演、编剧、演员、作家、剧作家和音乐家。——译注

81 [3⁴]

尽管数独游戏以许多尺寸和形状出现,但标准的数独应该有 81 个方格。这个尺寸不言自明地利用了这样一个事实:81 既是一个完全平方数,又是一个完全四次幂。

▽

虽然一些看起来与数独相似的游戏在 19 世纪就已出现在法国的《法兰西日报》(*La France*)上(名为"*Carré magique diabolique*",即"魔力幻方"),但是人们普遍公认,这些游戏的现代版本是印第安纳州的退休建筑师格昂斯(Howard Garns)在 1979 年发明的。尽管格昂斯的成果早在当时就已(作为"数字填空"栏目)发表在《戴尔》杂志(*Dell Magazines*)上,但是数独热潮却直到 2005 年才真正到来。

▽

任何大于 1 的奇完全平方数都可以产生一个毕达哥拉斯三元数组,方法是首先将这个平方数表示为 2 个相邻整数之和——在本例中是 $81 = 40 + 41$。我们可以看到,三元数组$(9, 40, 41)$——其中 9 是 81 的平方根——满足通常的等式 $a^2 + b^2 = c^2$。

$\triangledown$

字母表中的第八个字母是 H,而字母表中的第一个字母当然是 A。将这两个字母放在一起,你就明白"地狱天使"(Hell's Angels)摩托车俱乐部为什么用 81 来作为标志了。

$\triangledown$

对于任何 4 个正整数 p、q、r、s,以下关系都成立:

$$[p^2+p+1][q^2+q+1][r^2+r+1][s^2+s+1]/pqrs \geq 81$$

通过一种适当的方式改写等式左边,你能证明这个不等式吗?(请注意,假如 p、q、r、s 都等于 1,那么你就得到 $3^4=81$,而在这种情况下这实际上是一个等式。)(请参见答案。)

82   [2×41]

将 6 个六边形沿着它们的各边加以连接（称为六聚六边形），可以构造出 82 种不同形状。右边这个图形是用这 82 种形状构成的一个巨大的、有参差边缘的六边形。取中心带有一个洞的那块独一无二的六聚六边形，并将它放在这个结构正中央，请感受一下此举的妙处。

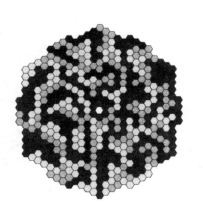

▽

一块标准的飞镖靶总共有 82 个区域（20 个楔形，每个楔形分为 4 个区域，再加上中心处的内外靶心）。绕着圆周排列的这些数字提供了对应楔形的得分，而它们的这种独特排列方式通常归功于（或归罪于）19 世纪的英国木匠加姆林（Brian Gamlin）。加姆林的系统把较小的数放在期望命中的大数周围，这样就将造成很大的不确定性，并因此阻止了人们去冒险。关于后面这一点，这块靶子的左

侧有时候被称为已婚男人的一侧，因为对于那些想要求稳的人来说，这一侧是比较好的选择。

$$\triangledown$$

转到北美冬季运动的话题上来，美国男子职业篮球联赛和北美冰球联盟的常规赛都由 82 场比赛构成。

83 [素数]

下面这83个五位数有何共同性质？（这些数中的千分位空格都被删除了，以免把你逼疯。）（请参见答案。）

0

11826, 12363, 12543, 14676, 15681, 15963, 18072, 19023, 19377, 19569,
19629, 20316, 22887, 23019, 23178, 23439, 24237, 24276, 24441, 24807,
25059, 25572, 25941, 26409, 26733, 27129, 27273, 29034, 29106, 30384

2

12586, 13343, 14098, 17816, 21397, 21901, 23728, 28256, 28346

5

10136, 13147, 13268, 16549, 20513, 21877, 25279, 26152, 27209, 28582

8

10124, 10214, 14743, 15353, 17252, 20089, 21439, 22175, 22456, 23113,
26351, 28171

9

10128, 10278, 12582, 13278, 13434, 13545, 13698, 14442, 14766, 16854,
17529, 17778, 20754, 21744, 21801, 23682, 23889, 24009, 27105, 27984,
28731, 29208

269

在本书别的地方，我对这道谜题给出了许多暗示。不过，目前给你的唯一暗示——除了上表中左手边的这些标号（你得要弄明白它们的意思）以外——就是，可以想到，具有这一性质的数，它们的范围必定只能在 10 000 到 31 622 之间。不过，上面这些数是仅有的 83 个实际上符合此性质的数。

$\triangledown$

　　倘若你列出从 1 到 500 000 000 的所有正整数,那么总共会出现多少个 1? 还有,为什么要在这里,也就是在关于 83 这个数的章节中提出这个问题?（请参见答案。）

84 [$2^2 \times 3 \times 7$]

历史上最古老、最著名的代数问题之一名叫丢番图谜题,它的谜面如下:

"这儿埋葬着丢番图",这块奇石上写着。通过代数技巧,这块石头在诉说他的年龄:"上帝将他生命的六分之一给了童年,还有十二分之一是长成胡子拉碴的青年;又过去七分之一后开始了婚姻;五年后迎来了新生的健壮儿子。可怜这个天赐的爱子,只活到他父亲生命的一半便不敌冷酷的命运,憾然离世。此后关于数的学问给他的命运带来一些抚慰,但四年后他的生命也终结了。"

丢番图去世时是多少岁?将这些文字转换成一个单变量的简单代数方程,就能很容易得出解答。假如我们设 x = 丢番图的年纪,那么根据文字描述可得 $\dfrac{x}{6} + \dfrac{x}{12} + \dfrac{x}{7} + 5 + \dfrac{x}{2} + 4 = x$。

请注意,6、12 和 7 的最小公倍数是 84。重新整理这个方程后得 $14x + 7x + 12x + 42x + (84 \times 9) = 84x$,由此得 $75x + (84 \times 9) = 84x$,即 $84 \times 9 = 9x$,因此 $x = 84$。

史料确实记载丢番图有过一个儿子,他在 42 岁那年去世。

▽

　　说到那些古老的数学谜题,产生于古埃及中王国时代(约公元前
1650 年)的《莱因德纸草书》(*Rhind Papyrus*)中包括了 84 道各种各样的
数学题。莱因德实际上是一位苏格兰人,而不是埃及人。1858 年他在埃
及的卢克索购买到这本纸草书。此书可能是当地非法挖掘后被发现的。
这本纸草书的大小约为 1 英尺(约 0.3 米)宽、18 英尺(约 5.5 米)长。它
还有一个名字是阿姆士纸草书(Ahmes Papyrus),以纪念很久以前抄录它
的那位抄写员。

　　在其中的一道题目中,阿姆士似乎将一个直径为 9 个单位的圆的面
积等同于一个边长为 8 个单位的正方形的面积。这样一个等式暗示了这
个圆的周长与它的直径之间的比例——我们立即就认出了这个比例就是
π 的定义——它在这里等于 $3\frac{13}{81}$。这一比例并不完全正确,但是按照公
元前 1650 年的标准而言也许不算太坏。

85   [5×17]

一条系得整齐的领带,是生活中严肃的第一步。
　　　　　——王尔德,约 1880 年,《一个无足轻重的女人》
　　　　　　　　　　　　　(*A Woman of No Importance*)

　　在王尔德(Oscar Wilde,1854—1900)的时代,传统的四手结(如上图所示)事实上是唯一的领带系法,至少对于传统领带来说是这样。温莎结和半温莎结直到 20 世纪 30 年代才出现,而由普拉特(Jerry Pratt)发明、新闻节目主持人谢尔比(Don Shelby)推广的普拉特结又过了 50 年才出现。不过,领带系法的研究在 1999 年加速发展,当时剑桥大学的芬克(Thomas Fink)和毛永(Yong Mao)通过穷举式研究断定有 85 种系领带的方法。这 85 种结中的大多数看起来都非常糟糕,不过除了四手结之外,这两个人还发现了另外 6 种被认为足够优雅、可供实际使用的结。

　　芬克和毛永的研究方法中包含一个基本的集合,由 6 步构成:R_I、R_O、C_I、C_O、L_I 和 L_O,字母 R、C、L 分别表示从左到右、中心、从右到左,下标 O

和 I 则分别表示"背向衬衫"和"指向衬衫"。最后一步用 T 来表示,意思是"穿过",意即穿过前面各步动作所构造出来的任何环形。对于任何给定数量为 3 次或 3 次以上的"半圈缠绕"(用 h 来表示),芬克和毛永计算出相关的结的数量 $K(h)$ 为表达式 $\left(\dfrac{1}{3}\right)(2^{h-2}-(-1)^{h-2})$ 的值。由于领带的长度有限,还要结合一些基本的美学原则,因此芬克和毛永将"半圈缠绕"的次数限制在 9 以下,于是结的总数就变成了:

$$K = \sum K(i) = 1 + 1 + 3 + 5 + 11 + 21 + 43 = 85$$

换言之,尽管选择 9 来作为截断点的这种做法有点小小的随意因素,但是最后的结论却并不随意。

结的序列可以表示为在三角形/六边形网格(如下图所示)上的随机游走,其中用箭头来表示方向 L、R、C。

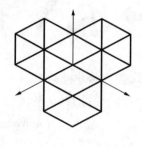

在某些老式美国汽车上,车速表不超过每小时 85 英里(约 137 千米)。如今,虽然车速表一律允许显示更高车速,但是实际标示的最高速度限制却并没有提高。

当然,较低的速度限制与节约燃料有关,而在这一方面,每小时 85 英里却并不符合此条件。不过,在美国的某些地区,85 这个数确实与节约燃料产生了联系。联系的形式是通过 E–85,这是一种由 85% 的乙醇和 15% 的无铅汽油混合而成的燃料(这种成分的汽油除了其他效用以外,还能帮助汽车在寒冷天气里更快启动)。大多数汽车并不适合用这种混合燃料,不过 E–85 车型的研发从 1922 年就开始了。

乙醇是从玉米中提炼出来的,而对85这个数要说的最后一点是,在种植玉米和其他商品的农民的直接支付公式之中,其基本假定是农民们使用了他们的"基本"种植面积的85%。

直接支付$_{玉米}$ =(支付率)$_{玉米}$ ×(支付产量)$_{玉米}$ ×[(基本种植面积) × 0.85]

86   [2×43]

在俚语中,说将某件事物"八十六"(eighty six),意思就是要把它除掉。你也许会问,这种用法是如何形成的呢? 如果将可能的解释列成一张清单的话,听起来就像是在模仿"我的行业是什么?"(*What's My Line*?)或其他一些电视竞猜游戏节目。下列解释使人想到这种表述方式源自纽约市:

A. 在纽约著名的德尔莫尼科餐厅,招牌牛排在菜单上的编号为86。由于这家餐厅的这一菜品常常供不应求,因此"86"的意思就逐渐变成了某件东西不再供应了。

B. 纽约酒类管理法规的第86条规定了在哪些情况下不能向消费者供应酒精类饮料。

C. 纽约著名的非法酒吧查姆利坐落在贝德福德街86号。

D. 帝国大厦的电梯停在第86层。

其他的一些解释包括,有人观察发现,失踪的士兵逐渐被称为"86了",这是因为擅离职守(AWOL)违反的是美国军事审判统一法规第×章的第86条。最后,还有一种理论是说,这种表述只不过是"海葬"(deep six)这一习惯用语的变化形式。不幸的是,最后,这种最缺乏色彩的解释却是大多数语源学家的共同选择。我们以这样一个评注来结束本章节讨论：由于连续剧《妙探斯马特》(*Get Smart*)而出名的 86 号特工，又名麦克斯韦·斯马特(Maxwell Smart)，他得到这个代号显然是在暗示他是可以牺牲的。不过，既然公众对于那些伪造的解释还保持着他们的渴望，我不妨在此指出，麦高汉(Patrick McGoohan)主演的英国电视连续剧《危险人物》(*Danger Man*，在美国播放时被称为《秘密特工》(*Secret Agent*))恰好播放了 86 集，而它的创作者是一位名叫拉尔夫·斯马特(Ralph Smart)的绅士。

2^{86} = 77 371 252 455 336 267 181 195 264，这是一个没有 0 的数。目前所知，没有任何一个 2 的更高次幂是没有 0 的。

86

87   [3×29]

87 这个数在法语中的说法是"*quatre-vingts sept*"——字面意思就是 "四个二十加一个七"。这种结构由于林肯（Abraham Lincoln）的葛底斯堡演说而在美国出名了。演说的开头是"四个二十再加七年前"（Four score and seven years ago），以表明 1776 年独立宣言的签署到 1863 年葛底斯堡战役之间经过了 87 年。

▽

在任何一本词典里都不会找到"*decimoctoseptology*"这个词，但它的意思就是对 87 这个数的研究。至少对于一小撮老手来说是如此，他们都持有 87 是最随机的数这一古怪观点。

▽

在澳大利亚板球比赛中，得 87 分被认为是不吉利的。据推测，这种迷信起始于 1929 年。这一年，日后的超级巨星基思·米勒（Keith Miller）前往墨尔本板球场观看传奇击球手、来自新南威尔士州的布莱德曼（Don Bradman）对抗维多利亚州的"公牛"哈里·亚历山大（Harry "Bull"

Alexander）。米勒当时年仅 10 岁，他回忆起亚历山大投杀①布莱德曼时，后者的得分正是 87。等米勒到了成为一名板球运动员的年纪时，每当一位击球手或对方球队达到 87 分，他和南墨尔本队的队友伊恩·约翰逊（Ian Johnson）就会相互用肘部轻推一下，意思是说在这个数上出局的击球手人数非同寻常。

不出所料，数据完全不支持击球手在 87 分比其他相近得分时失手的情况更多的想法。更糟糕的是，米勒的记忆似乎误导了他，因为当亚历山大投杀布莱德曼时，后者的得分实际上是 89。然而，87 作为"魔鬼数"的名声却继续保持了下来。最后一根稻草在 1993 年来临，"公牛"亚历山大于这一年去世……享年 87 岁。

▽

可以肯定的是，冰球运动并不把 87 视为一个不吉利的数。加拿大的传奇小将克罗斯比（Sidney Crosby）根据他自己的生日（87 年 8 月 7 日）选择了 87 作为他的球衣号码，并且在 2005 年进入北美冰球联盟时仍然佩戴着这个号码。

▽

87

有 87 个数，它们的平方是 0、1、2、3、4、5、6、7、8、9 这 10 个数字的重新排列（如 $32043^2 = 1\,026\,753\,849$，等等）：

32043,32286,33144,35172,39147,45624,55446,68763,83919,99066
35337,35757,35853,37176,37905,38772,39336,40545,42744,43902,
44016,45567,46587,48852,49314,49353,50706,53976,54918,55524,
55581,55626,56532,57321,58413,58455,58554,59403,60984,61575,
61866,62679,62961,63051,63129,65634,65637,66105,66276,67677,
68781,69513,71433,72621,75759,76047,76182,77346,78072,78453,
80361,80445,81222,81945,84648,85353,85743,85803,86073,87639,
88623,89079,89145,89355,89523,90144,90153,90198,91248,91605,
92214,94695,95154,96702,97779,98055,98802

---

① 投杀（bowl）是板球运动中的术语，投球手在投出球后直接击中击球手后面的三柱门或碰到击球手的身体后击中三柱门，迫使击球手出局。——译注

88   [$2^3 \times 11$]

一架钢琴有 88 个琴键。一个八度有 7 个白键和 5 个黑键,因此整个键盘包括 7 个八度多一点。

▽

假如一个 n 位数的各位数字的 n 次方之和等于这个数本身,就称这个数是"自恋数"。所有的个位数根据定义都是自恋数,但是随着数位的增多,出现自恋数的情况变得越来越罕见。总共有 88 个自恋数,其中最大的是一个 39 位的大怪物:

115 132 219 018 763 992 565 095 597 973 971 522 401

没错:$1^{39} + 1^{39} + 5^{39} + 1^{39} + 3^{39} + 2^{39} + 2^{39} + 1^{39} + 9^{39} + 0^{39} + 1^{39} + 8^{39} + 7^{39} + 6^{39} + 3^{39} + 9^{39} + 9^{39} + 2^{39} + 5^{39} + 6^{39} + 5^{39} + 0^{39} + 9^{39} + 5^{39} + 5^{39} + 9^{39} + 7^{39} + 9^{39} + 7^{39} + 3^{39} + 9^{39} + 7^{39} + 1^{39} + 5^{39} + 2^{39} + 2^{39} + 4^{39} + 0^{39} + 1^{39}$

= 115 132 219 018 763 992 565 095 597 973 971 522 401。(请参见关于 153 的章节。)

▽

88 这个数用中文来念是"*ba ba*",因此在中文的互联网缩略语中逐渐用 88 来表示"再见"的意思。

　　　　　　　　　　　　　　　▽

　　宾戈游戏中将 88 称为"两位胖女士"（two fat ladies）。英国居民们会认出，这个术语是 20 世纪 90 年代末的一档电视节目的标题，主演是莱特（Clarissa Dickson Wright）和已故的帕特森（Jennifer Paterson）。这两位明星骑着一辆带有跨斗的凯旋雷鸟摩托车穿行在乡间各处：这辆摩托车的车牌号码是 N88TFL。

　　　　　　　　　　　　　　　▽

　　假如这两位胖女士恰好以每小时 60 英里（约 97 千米）的速度骑行，那么根据一个标准转换公式得知，她们每秒钟就会前进 88 英尺（约 27 米）：

　　　　60 英里/时 ×5280 英尺/英里 ÷3600 秒/时 ＝88 英尺/秒

而且甚至每小时 88 英里也有着某种历史意义，因为这是在《回到未来》（*Back to the Future*）三部曲中福克斯（Michael J. Fox）的德罗宁跑车进入时光旅行模式时的速度。

　　　　　　　　　　　　　　　▽

　　88 是第四个"不可及数"，这个词的意思是指一个数不等于任何其他数的真因数之和。（前三个不可及数是 2、5、52。）埃尔德什证明了存在无穷多个不可及数，但只有一个已知的奇不可及数，也就是 5。还有其他的吗？好吧，说来奇怪的是，这个问题与哥德巴赫猜想相关联，而后者是数论中最著名的未解问题之一。哥德巴赫猜想最初是由普鲁士数学家哥德巴赫于 1742 年提出的，而到撰写本文之时仍然没有得到证明。这个猜想是一个看起来简单的断言：任何偶数都等于两个素数之和。我们先暂时假设这个猜想是正确的，并且来观察奇数 $2n+1$。根据哥德巴赫猜想，我们可以写出 $2n=p+q$ 的形式，其中 p 和 q 是某两个素数。但是由此，pq 这个数的真因数之和就等于 $1+p+q=2n+1$，所以原先的那个奇数 $2n+1$ 就不可能是不可及数。

89 [素数,8^1+9^2]

89 是唯一可表示为其各位相继数字——即从左到右的数字——的 1 和 2 次方之和的两位数。(请参见关于 135 和 175 的章节。)

▽

89 是第十一个斐波那契数,并且 89 的倒数与斐波那契数列有着一种奇异的联系。用一系列数来构建一个三角形,从而使第 n 个斐波那契数的最右边一位是该数的小数点后第 $n+1$ 个数位上的数。

0.01

0.001

0.000 2

0.000 03

0.000 005

0.000 000 8

0.000 000 13

0.000 000 021

0.000 000 003 4

...

这些数相加之和 $= 0.011\ 235\ 955\ 056\ 18\cdots = \dfrac{1}{89}$。

尽管这个结果令人惊奇,但相对而言,其证明却很直截了当。证明思路是设 x 等于问题中的这个和,然后利用基本的斐波那契关系($F_{n+1} = F_n + F_{n-1}$)来得出方程 $100x - 10x - x = 1$。由于该式左边等于 $89x$,于是你就得到 $89x = 1$ 或 $x = \dfrac{1}{89}$。在这个等式中,89 的特殊之处倒并不是因为它是一个斐波那契数,而是因为它等于 $100 - 10 - 1$。

▽

斐波那契数在自然界中的出现大家都很熟悉,即使它们并不总是很精确。向日葵似乎常常有 $55(=F_{10})$ 个顺时针螺线和 $89(=F_{11})$ 个逆时针螺线。

▽

89 是一个索菲·热尔曼素数①,这意味着 $2 \times 89 + 1$ 也是一个素数。凑巧的是,从 89 开始并以这种方式继续下去,会构建出由 6 个素数组成

---

① 索菲·热尔曼素数(Sophie Germain prime)是以法国女数学家索菲·热尔曼(Marie - Sophie Germain,1776—1831)的名字命名的素数。若 p 为素数,而 $2p + 1$ 也是素数,就称 p 为索菲·热尔曼素数。——译注

的一个序列,如下所示。(在这样的数字链中,已知最长的一个包括 16 个素数,开头的数是 810 433 818 265 726 529 159。)

89	2A + 1	2B + 1	2C + 1	2D + 1	2E + 1
89	179	359	719	1439	2879
<u>A</u>	<u>B</u>	<u>C</u>	<u>D</u>	<u>E</u>	<u>F</u>

1825 年,索菲·热尔曼证明:假如 p 是一个索菲·热尔曼素数,那么方程 $x^p + y^p = z^p$ 无解。这是在通往证明费马大定理的道路上前进了一小步。

$$\triangledown$$

2005 年的电影《证明》(*Proof*)中的角色哈尔(Hal)和凯瑟琳(Catherine)提到了索菲·热尔曼素数的定义以及当时已知此类素数中最大的一个。在这部电影上映后不久(2006 年 5 月),人们发现了一个更大的索菲·热尔曼素数。它有 51 780 位数字,这一页还有点写不下呢。不过,我们可以用更紧凑的形式来将它描述为 $p = 137\ 211\ 941\ 292\ 195 \times 2^{171\ 960} - 1$。

90 $[2 \times 3^2 \times 5, 9^1 + 9^2, (15-9) \times (15-0)]$

大小为 90 度的角称为直角。用弧度制来表示,90 度对应于 $\frac{\pi}{2}$ 弧度。

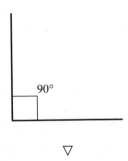

$\bigtriangledown$

棒球内场不仅有 4 个 90 度角,而且各垒之间的距离都是 90 英尺(约 27 米)。专栏作家雷德·史密斯(Red Smith,1905—1982)说过:"本垒到一垒之间的九十英尺,也许就近乎等同于人类臻于完美的距离。"

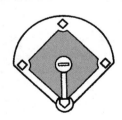

下面这个图案是干涸的泥土的样本。尽管这种图案中包含着许多曲线，但是各相交线处的平衡压强创造出的角度非常接近90度。

在《格列佛游记》（*Gulliver's Travels*）中，拉普他岛上的居民们显然缺少像丁字尺这样可以作出90度角的工具。斯威夫特（Jonathan Swift）这样写道："他们的房子造得非常糟糕，墙都歪歪斜斜，所有房间里都看不到一个直角。"

小于90的素数的个数等于小于90的、与90互素（也就是说与90没有公因数）的整数的个数。只有7个数具有这一特征，而90是这7个数中最大的。（其他几个是2、3、4、8、14和20。）因此，举例来说，有6个小于14的素数（2、3、5、7、11和13），也有6个小于14的、与14互素的数（1、3、5、9、11和13）。

91   [7×13]

在纸牌游戏"方块分"中,人们将方块这种花色从一副牌中单独分离出来,面朝下堆成一叠。(理想情况下两位或三位)玩家各拿另一种花色。这些方块牌每次翻开一张,玩家们则争夺这张方块牌所代表的分数(从 A = 1 到 K = 13)。争夺的方法是从他们分发到的那种花色中选出一张牌,牌面最大的赢得这些"方块分"。在有两位玩家参与的对局中,赢得 46 分就足够了,这是因为方块分的总数等于 1 + 2 + ⋯ + 13 = 91。你也许会认出这最后一个等式,它是将 91 确立为第 13 个三角形数的等式。

▽

$91 = 1^2 + 2^2 + 3^2 + 4^2 + 5^2 + 6^2$ 这个等式表明 91 等于最前面 6 个平方数之和,因此 91 也是一个方棱锥数,而且是自 55 以后我们遇到的第一个既是三角形数又是方棱锥数的数。但是对于这样一种罕见的数学现象,这两个数之间的间隔之小令人惊异。下一个既是三角形数又是方棱锥数的数——208 335——也是最后一个同时具有这两项性质的数。

▽

如果用上负数的话,我们就可以用两种方式将 91 写成两个立方数之和,即 $91 = 4^3 + 3^3 = 6^3 + (-5)^3$。

我们也可以写出 $91 = 1 + 5 + 10 + 25 + 50$，因此假如你有除了 1 美元以外的所有硬币各 1 枚，那么你总共就有 91 美分。在美国金融界的其他地方，"91 天短期国债"出现的原因是，91 天表示一年的四分之一。91 天到期的债券是美国财政部发行的到期时间最短的债券。

▽

91 乘法表给出了一个富有奇趣的结果。如果你分别观察其中各列，结论不言而喻：

$$
\begin{array}{rcr}
91 \times 1 & = & 91 \\
2 & = & 182 \\
3 & = & 273 \\
4 & = & 364 \\
5 & = & 455 \\
6 & = & 546 \\
7 & = & 637 \\
8 & = & 728 \\
9 & = & 819 \\
\end{array}
$$

▽

算盘的经典形式由 13 档构成，每档有 7 颗算珠，因此总共就是 91 颗算珠。人们认为巴比伦人发明了最早形式的算盘，在希罗多德（Herodotus）和狄摩西尼（Demosthenes）等古希腊学者的著作中，也提到了使用算盘来进行计算的故事。将算盘分成两个区域是日本人的创新，而如今这种工具当然与远东地区有关。

算盘历史上最伟大的一天也许出现在 1946 年，在当时的一场速算比赛中，操作算盘的清松崎（Kiyoshi Matsuzaki）战胜了一位配备最先进机械式计算器的美军二等兵伍德（T. N. Wood）。

算盘历史上最糟糕的一天很可能出现在同一时期,一位算盘推销员走进巴西的一家餐厅,向一位顾客提出了进行计算比赛的挑战。虽然结果证明这位推销员的加法和乘法计算速度较快,但是在难度提到"*raios cubicos*"(即立方根)时,他就成了强弩之末。对他关键性的毁灭一击是选择了 1729.03,这位顾客意识到这个数只比 1728(即 12 的立方)大一点点。几秒钟之内,这位顾客就随手快速写下了 1729.03 的立方根是12.002。这个估计值彻底击败了推销员,他只好灰溜溜地离开了,想必他永远也不知道餐厅里的这位不是别人,正是费曼(Richard Feynman, 1918—1988),未来的诺贝尔奖获得者,也是他那个时代最睿智的天才之一。

92 $[2^2 \times 23]$

有 92 种方法来将 8 枚皇后放置在一个 8×8 的国际象棋棋盘上,从而使得任何一枚皇后都不会受到其他皇后的攻击。下图是 12 种基本解答,通过适当的旋转和反射操作就可增至 92 种(只要你不介意有一个黑色方格出现在右下角,因为这与实际国际象棋比赛中的棋盘朝向是相反的):

让我们只花一分钟时间来想想最后一句话。你究竟如何从 12 种变到 92 种？并没有那么显而易见，是吧？比方说，假如从左上图开始，你可以用 4 种方式中的任一种来旋转它（1 到 3 次 90 度旋转和回到起始位置），你也可以用 2 种方式来对它进行反射操作（上下颠倒或左右对换）。这样一幅图总共会产生 4×2＝8 种解答。假如你对每幅图都遵循同样的步骤操作，那么你就会预计产生总共 8×12＝96 种解答。但是，实际情况下你只得到 92 种，这个数不能被 12 整除。出了什么问题？

答案就在于，12 种基本解答中，有一种并未履职尽责。这个游手好闲的家伙就是右下方的最后一张图。由于在这一解答中的所有皇后都相对于棋盘中心对称地放置着，因此旋转和反射操作只会产生 4 种解答，而非 8 种，因此解答总数就是 8×11＋4＝92 种。

这道八皇后谜题是一位名叫贝策尔（Max Bezzel）的国际象棋手在 1848 年提出的。1850 年，瑙克（Franz Nauck）解答了这道题目，他还将问题扩展到 $n \times n$ 棋盘上的皇后，其中 n 可以取任何整数值。例如，在一个 24×24 的棋盘上，解答总数等于 2 275 141 71 973 736。如果要求你给出所有这些解答的话，那就太不讲道理了。因此这里有一道比较容易的、在某种程度上与此问题相关的题目：至少要将多少枚皇后放在一个 8×8 棋盘上，才能使每一方格都至少受到一枚皇后的攻击？（请参见答案。）

93 [3×31]

学童第一次碰到 93 这个数,可能是当他们在学习太阳到地球的平均距离是 93 百万英里(约 1.5 亿千米)时。这个距离的正式名称是一个天文单位(astronomical unit,缩写为 AU)。例如,被免去大行星圣职的冥王星与太阳间的平均距离为 39.5AU。更准确的说法是在这个数值基础上加减 9.8AU,这是因为冥王星绕太阳运行时的轨道是椭圆形的。天文学的进展速度一如我们所见,而早在科学家们知道 AU 的精确数值①之前,人们就已经用它来作为一种相对量度单位了。

▽

《九三年》(*Quatrevingt-Treize*)是雨果(Victor Hugo)的最后一部小说。这部书的标题是指 1793 年,即法国大革命中最可怕的一年,特别是那一年发生了因"让他们去吃蛋糕吧"而闻名的玛丽王后(Marie Antoinette)被送上断头台的事件。

▽

当然,假如法国人把铡刀用于一种比较良性的用途的话,他们就会发

---

①　现今定义 1AU = 149 597 870 700 米,日地平均距离接近于此数值。——译注

现,只要直切 8 刀,就可以把一个蛋糕分成 93 块。

我们可以利用三维切割与二维切割之间的一种简洁的数学关系来产生这个数。

请回忆一下(参见关于 67 的章节),在二维情况下,直切 n 刀可以得到的披萨块数等于 $\dfrac{n^2+n+2}{2}$,或者说就是比第 n 个三角形数多 1。(当时的讨论讲到的是画一些直线,而不是进行切割,不过这两种处理手段是等价的。)以下列出了这个二维序列是如何开始的:

直切的刀数 (n)	0	1	2	3	4	5	6	7	8	9	10
	+	+	+	+	+	+	+	+	+	+	
二维情况下切 n 刀最多可得的块数	1	2	4	7	11	16	22	29	37	46	56

现在来解释上面的这些加号,只要你在最下面一行的开头放置一个 1,那么这一行接下去的每个数都可以通过将它左侧和上方的两个数相加而得到——换言之,你沿着对角线做加法,然后把答案空投到下方。让我们来尝试同样的过程,这次将最上面的一行用最下面一行来代替(只不过我们在第一个位置添加了一个 0),新的最下面一行还是从一个孤独的 1 开始:

0	1	2	4	7	11	16	22	29
	+	+	+	+	+	+	+	+
1								

我们立即可将该表填充如下:

直切的刀数 (n)	0	1	2	3	4	5	6	7	8
二维情况下切 ($n-1$) 刀的序列	0	1	2	4	7	11	16	22	29
		+	+	+	+	+	+	+	+
三维情况下切 n 刀最多可得的块数	1	2	4	8	15	26	42	64	93

值得注意的是，现在最下面一行便是由在三维情况下切 n 刀可以产生的最大块数，切 8 刀所得的最大值是 93 块。（在这道切割习题中，披萨被看成是二维的，而蛋糕则表示一件三维的物体。）

下面这 93 个数有何特殊之处？用粗体字表示的那些又有何不同？（请参见答案。）

10301 **10501** **10601** 11311 **11411** **12421** **12721** **12821** **13331** 13831 13931 14341 **14741**
15451 **15551** **16061** **16361** 16561 **16661** 17471 17971 18181 18481 19391 **19891** 19991
30103 30203 30403 **30703** **30803** **31013** **31513** **32323** **32423** 33533 34543 34843
35053 35153 35353 35753 **36263** 36563 37273 37573 **38083** **38183** 38783 39293
70207 **70507** **70607** 71317 71917 **72227** **72727** 73037 73237 73637 **74047** **74747**
75557 **76367** **76667** **77377** **77477** **77977** 78487 78787 78887 79397 **79697** **79997**
90709 91019 93139 **93239** 93739 94049 94349 **94649** 94849 **94949**
95959 **96269** 96469 **96769** 97379 97579 97879 98389 98689

你能得到的唯一线索是，上述两个问题尽管是并列提出的，但它们实际上是完全不同的。

94 [2 × 47]

从 94 的因数分解中,我们一眼就能看出,它是不能被 4 整除的。当 1994 年冬季奥运会在挪威的利勒哈默尔举行时,它标志着现代奥运会(无论夏季还是冬季)首次在一个不能被 4 整除的年份举行。当时引入这一想法的目的是要把冬季奥运会和夏季奥运会错开,这样每两年就有一次奥林匹克活动,而不是每四年举行一大堆活动。从那时开始,奥运会就会以 2 个分开的四年周期来运转,其中夏季奥运会占据了能被 4 整除的那些年份,而冬季奥运会则放在剩下的那些偶数年份中:按照数学家们的说法,这些年份与 2 对模 4 同余。

▽

94 的两位数字都是完全平方数。右图所示的这个图形中总共有 9 个点,其中 4 个是白色的。不过,这个图形只是通往 94 这个数的一条非常艰难的道路的伊始。在下页图中我们看到,有许多其他方式来选择 4 个点,使它们构成一个四边形,从左边的梯形到平行四边形到风筝(是的,这正是第三个图形的名字),到最右边的那个无名图形(还有其他许多方式)。

有多少种方法可以选择 4 个点,从而以它们为顶点构成一个四边形?总共有可能构成 6 种正方形、4 种矩形、12 种平行四边形、28 种梯形、8 种

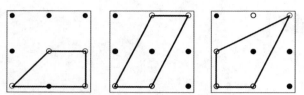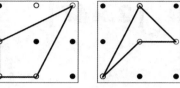

风筝、16 种其他凸的形状，还有 24 种非凸的形状，因此总数是 94 种。

▽

请查看下列早期英国皇家海军舰艇的各种数据：

舰名	下水年份	吨位	船员
快速号	1782	$208\frac{8}{94}$	90
疾驰号	1796	$386\frac{16}{94}$	140
生机号	1804	$1071\frac{90}{94}$	284
惊奇号	1794	$578\frac{73}{94}$	200
博阿迪西亚号	1797	$1052\frac{5}{94}$	282

这些分母里的 94 是怎么回事？它们源自旧式吨位计量法。这是过去盛行的船舶载货量（吨位）标准，直到 19 世纪中期蒸汽动力的出现才改变了这一状况。精确的计算公式为 $T = (L - 3B/5)\,B^2/2/94$，其中 $T =$ 吨位，$L =$ 长度，$B =$ 宽度。（早期计算船舶载重量的一个公式叫做泰晤士

计量法,它与以上公式稍有不同,但也以分母中出现94为特征。)

当然,所有这些仍然没有解释公式里的94从何而来。它的起因原来是取自一种古老的标准,这种标准宣称一艘船的载货量应该等于其排水量的$\frac{3}{5}$。排水量的计算公式是长度×舷宽×吃水×方形系数,然后全部除以每吨海水的体积35立方英尺(约1立方米)。舷宽定义为船体最宽的点,而吃水(船的底部与水线之间的距离)估计值为舷宽的一半。方形系数的估计值约为0.62。如果你沿着船体浸没的那部分画出一个盒状,那么方形系数即为该盒状体积与船的体积之比。将$\frac{3}{5}$乘以0.62再除以35,我们得到的结果就十分接近$\frac{1}{94}$,因此在最终的公式里就出现了这个分数。

我知道,光是追踪一个怪异分母的来源就已经费了很大的劲,不过我们最终还是得到答案了。

95   [5 ×19]

　　95 这个数在调查数据和置信区间方面发挥着久享盛誉的作用。当一项投票结果发布,其中指出比如说有 57% 的受访者支持某位政治候选人,那么这一计算的基础就是误差幅度和置信区间。假如这项投票的误差幅度是 3 个百分点,而其置信区间为 85%,那么这就意味着倘若将这次投票进行 100 次的话,你就可以预料在 85 次中,受访者支持这位候选人的百分比会在 54% 到 60% 之间——在宣布的数字左右各 3 个百分点。人们并不充分理解这种描述,部分原因是大多数投票结果只公布误差幅度,却不公布置信区间。而这一疏漏的原因则在于,这其实根本就不是一个疏漏。绝大多数的投票结果都使用 95% 这一置信区间。

▽

　　当数据符合正态分布时(下页图所示的钟形曲线),95 这个数就会有一次更为特殊的出场。这类分布的一个好处是,它们的平均值和标准偏差要么是已知的,要么是很容易计算出来的。事实证明,当数据符合钟形曲线时,所有观测值中的 95% 都在平均值的左右各两倍标准偏差之内,这在图中表示为以峰值两侧的竖直宽带为界的区域。

（图）

▽

95 最具有历史意义的出场可能是 1517 年, 马丁·路德(Martin Lu-ther)在这一年将他的 95 条论纲钉在德国威滕伯格城堡教堂的门上。由于篇幅所限, 我无法在此列出路德的全部论纲, 这里仅给出第 16 条, 选择这一条的原因是人们对它的争议相对较少:"地狱、炼狱和天堂之间的区别,似乎与绝望、几乎绝望和安全保障之间的区别相同。"

▽

在计算机运算中, 可显示 ASCII 码字符的清单中包括 26 个大写字母、26 个小写字母、10 个数字和 33 个特殊字符, 其中包括标点符号。因此总计是 95 个字符。

95

96 $[2^5 \times 3]$

前棒球大联盟选手维奥塞勒(Bill Voiselle)曾为纽约巨人队、波士顿勇士队和芝加哥小熊队担任过投球手,他从全国棒球联盟那儿得到特许,可以一直穿着96号球衣,这是当时大联盟球员曾经佩戴过的最大号码。为何选这一号码?这是因为他在南卡罗来纳州的九十六镇长大。这个镇得名的原因是,人们认为它到切诺基族居住地基奥维的距离是96英里(约154千米,即使其实并不是)。显然,有一项将九十六镇改成剑桥镇的法案曾经呈交到州议会,但是九十六镇居民竖起了一个上面写有96的标志,指出这个数正向朝上与上下颠倒读起来是一样的,因此应该将它保留下来。于是它就保留下来了。

$$\triangledown$$

$$96 = 2 + 5 + 7 + 10 + 30 + 42 \text{ 和 } \frac{1}{2} + \frac{1}{5} + \frac{1}{7} + \frac{1}{10} + \frac{1}{30} + \frac{1}{42} = 1$$

$$96 = 6 + 7 + 7 + 8 + 8 + 9 + 12 + 18 + 21 \text{ 和 } \frac{1}{6} + \frac{1}{7} + \frac{1}{7} + \frac{1}{8} + \frac{1}{8} + \frac{1}{9} +$$

$$\frac{1}{12} + \frac{1}{18} + \frac{1}{21} = 1$$

以上是96的两种倒数和为1的分拆方式。这样的分拆被称为"恰当分拆"。信不信由你,96的恰当分拆方式恰好有96种。

"石堂"(Ishido)游戏的棋盘大小为 8 × 12 个方格,因此总共有 96 个方格。虽然它的样子看上去像是一种古老的游戏,但它实际上是在 1990 年推出的。

96

97 [素数]

格里高利历的周期为 400 年，在此期间有 97 个闰年。从理论上来说，你会想到每四年会出现一个闰年，因此一共有 100 个闰年。不过，在 400 年的跨度中有四个"世纪年"，而其中只有一个（即能被 400 整除的那一年）是闰年。

▽

$\frac{1}{97}$ = 0. 010 309 27…。请注意，假如你将小数点后的第一对数字乘以 3，你就得到了第二对数字，以此类推，直至你得到 27。不，这种模式并不能维持下去，不过即便就此打住，也还是很不错的。

▽

一副标准塔罗牌有 78 张，而文艺复兴时的一副明切维特塔罗牌却有 97 张。多出来的这些牌是四美德（谨慎、希望、信仰和宽容）、四元素（土、气、火、水）及 12 星座。这样算下来是 20 张额外的牌，但是出于某种原因，标准塔罗牌中的女祭司却并不包含在明切维特塔罗牌中，因此最终的总数是 97 张。

$\bigtriangledown$

把 97 的英文 NINETY-SEVEN 写出来看,其中的辅音字母和元音字母是交替出现的,而 97 是具有这一性质的最大数字。算是吧。你能想出一个更长的吗?(请参见答案。)

$\bigtriangledown$

有 97 种方法可以用从 0 到 9 这十个数字来构成两个分数,而它们相加之和等于 1。由于我认为你也许不会相信我的话,因此我把它们罗列如下:

$$\frac{3485}{6970}+\frac{1}{2} \qquad \frac{3548}{7096}+\frac{1}{2} \qquad \frac{3845}{7690}+\frac{1}{2} \qquad \frac{4538}{9076}+\frac{1}{2}$$

$$\frac{4685}{9370}+\frac{1}{2} \qquad \frac{4835}{9670}+\frac{1}{2} \qquad \frac{4853}{9706}+\frac{1}{2} \qquad \frac{4865}{9730}+\frac{1}{2}$$

$$\frac{7365}{9820}+\frac{1}{4} \qquad \frac{3079}{6158}+\frac{2}{4} \qquad \frac{1278}{6390}+\frac{4}{5} \qquad \frac{1872}{9360}+\frac{4}{5}$$

$$\frac{7835}{9402}+\frac{1}{6} \qquad \frac{3190}{4785}+\frac{2}{6} \qquad \frac{1485}{2970}+\frac{3}{6} \qquad \frac{2079}{4158}+\frac{3}{6}$$

$$\frac{2709}{5418}+\frac{3}{6} \qquad \frac{2907}{5814}+\frac{3}{6} \qquad \frac{4851}{9702}+\frac{3}{6} \qquad \frac{4362}{5089}+\frac{1}{7}$$

$$\frac{5940}{8316}+\frac{2}{7} \qquad \frac{6810}{9534}+\frac{2}{7} \qquad \frac{5803}{7461}+\frac{2}{9} \qquad \frac{1208}{5436}+\frac{7}{9}$$

$$\frac{1352}{6084}+\frac{7}{9} \qquad \frac{729}{3645}+\frac{8}{10} \qquad \frac{927}{4635}+\frac{8}{10} \qquad \frac{876}{3504}+\frac{9}{12}$$

$$\frac{485}{970}+\frac{13}{26} \qquad \frac{369}{574}+\frac{10}{28} \qquad \frac{486}{972}+\frac{15}{30} \qquad \frac{485}{970}+\frac{16}{32}$$

$$\frac{287}{369}+\frac{10}{45} \qquad \frac{728}{936}+\frac{10}{45} \qquad \frac{169}{507}+\frac{32}{48} \qquad \frac{269}{807}+\frac{34}{51}$$

$$\frac{204}{867}+\frac{39}{51} \qquad \frac{678}{904}+\frac{13}{52} \qquad \frac{893}{1026}+\frac{7}{54} \qquad \frac{609}{783}+\frac{12}{54}$$

$$\frac{309}{618}+\frac{27}{54} \qquad \frac{308}{462}+\frac{19}{57} \qquad \frac{273}{406}+\frac{19}{58} \qquad \frac{307}{614}+\frac{29}{58}$$

$$\frac{748}{935}+\frac{12}{60} \qquad \frac{207}{549}+\frac{38}{61} \qquad \frac{208}{793}+\frac{45}{61} \qquad \frac{485}{970}+\frac{31}{62}$$

$$\frac{507}{819}+\frac{24}{63} \qquad \frac{284}{710}+\frac{39}{65} \qquad \frac{148}{296}+\frac{35}{70} \qquad \frac{481}{962}+\frac{35}{70}$$

$$\frac{145}{290}+\frac{38}{76} \qquad \frac{451}{902}+\frac{38}{76} \qquad \frac{417}{695}+\frac{32}{80} \qquad \frac{306}{459}+\frac{27}{81}$$

$$\frac{630}{945}+\frac{27}{81} \qquad \frac{405}{729}+\frac{36}{81} \qquad \frac{540}{972}+\frac{36}{81} \qquad \frac{60}{1245}+\frac{79}{83}$$

$$\frac{109}{327}+\frac{56}{84} \qquad \frac{307}{921}+\frac{56}{84} \qquad \frac{310}{465}+\frac{29}{87} \qquad \frac{315}{609}+\frac{42}{87}$$

$$\frac{231}{609}+\frac{54}{87} \qquad \frac{504}{623}+\frac{17}{89} \qquad \frac{105}{623}+\frac{74}{89} \qquad \frac{276}{345}+\frac{18}{90}$$

$$\frac{372}{465}+\frac{18}{90} \qquad \frac{138}{276}+\frac{45}{90} \qquad \frac{186}{372}+\frac{45}{90} \qquad \frac{381}{762}+\frac{45}{90}$$

$$\frac{185}{370}+\frac{46}{92} \qquad \frac{140}{368}+\frac{57}{92} \qquad \frac{426}{710}+\frac{38}{95} \qquad \frac{473}{528}+\frac{10}{96}$$

$$\frac{357}{408}+\frac{12}{96} \qquad \frac{735}{840}+\frac{12}{96} \qquad \frac{375}{480}+\frac{21}{96} \qquad \frac{531}{708}+\frac{24}{96}$$

$$\frac{135}{270}+\frac{48}{96} \qquad \frac{351}{702}+\frac{48}{96} \qquad \frac{143}{528}+\frac{70}{96} \qquad \frac{34}{578}+\frac{96}{102}$$

$$\frac{693}{728}+\frac{5}{104} \qquad \frac{59}{236}+\frac{78}{104} \qquad \frac{63}{728}+\frac{95}{104} \qquad \frac{56}{832}+\frac{96}{104}$$

$$\frac{56}{428}+\frac{93}{107} \qquad \frac{87}{435}+\frac{96}{120} \qquad \frac{496}{508}+\frac{3}{127} \qquad \frac{57}{204}+\frac{98}{136}$$

$$\frac{795}{810}+\frac{6}{324} \qquad \frac{684}{702}+\frac{9}{351} \qquad \frac{792}{801}+\frac{4}{356} \qquad \frac{693}{704}+\frac{8}{512}$$

$$\frac{792}{801}+\frac{6}{534}$$

98 [2 ×7²]

98 这个数在"土豆悖论"中发挥了关键的作用。具体地说，假设你一开始有 100 磅（约 45 千克）土豆，而你知道其中 99% 是水分。经过一段时间后，这些土豆中的部分水分蒸发了，这个百分比减小。当土豆含水量变成 98% 时，它们的重量是多少？（请参见答案。）

▽

右图所示的是在井字棋中 X 会获胜的 98 种理论模式之一。不过，这些位置并不都能在真实游戏中实现，因为其中某些模式中的 O 也会获胜。（请参见关于 62 的章节。）当然，任何一局不以平局结束的井字棋游戏从一开始就相当值得猜疑，因此在一局随机的井字棋中，你会更可能遇到上述结局。

×	×	×
O	O	×
O	×	O

▽

自 2000 年起，98 成为北美冰球联盟的球员能够佩戴的最大号码。当然，这与 98 这个数的关系并不太大，关系更密切的是以下事实：(1) 没有任何球员可以佩戴两位以上的数字；(2) 2000 年，联盟宣布格雷茨基从 1978 到 1999 年佩戴过的 99 号永久退役。[格雷茨基在他的少年冰球运动员时期，最初想要的是豪（Gordie Howe）的 9 号，但有一位队友已经得到了那个号码，于是他只能无奈地接受了 99 号。]

99　[$3^2 \times 11$]

对于爱迪生,他确实知道,天才就是 1% 的灵感加上 99% 的汗水。

▽

假如你在一项标准化测试中得到了满分,你仍然"只是"在第 99 个百分位数。一般而言,某一测试得分的百分等级是它在较低得分整体频率分布中的百分数,而从技术上来讲这个数能够取得的最高整值是 99。当然,没有什么能阻止某人进入第 99.99 个百分位数,这取决于分布的性质,不过标准化测试的百分等级通常并不包括任何小数点。即使有些学生的得分进入了这个人迹罕至的区域,也应该因爱迪生的另一句名言而感到谦卑:"我们所知道的,还不到冰山一角。"

▽

全球各地的流行文化中有着大量的 99。加拿大产生了有史以来最伟大的 99 号,即入选冰球名人堂的格雷茨基;美国是芭芭拉·菲尔顿(Barbara Feldon)的家乡,她因出演《妙探斯马特》中的 99 号特工而出名;德国的摇滚乐队"妮娜"(Nena)在 1983 年凭借歌曲《99 个气球》(99 Luftballons)取得了巨大的成功,这首歌以"99 个红色气球"(99 Red Balloons)的名字打入了各英语国家。这是一首关于抗议冷战的歌曲,内容是有一束气球松脱了,它们越过了边境线,结果触发了军方的过度反应。

▽

当然,《99 个气球》转成英语后的版本并不是第一首标题中带有"99"的歌曲。这一殊荣无疑属于《墙上的 99 瓶啤酒》,而这首歌又源自英国歌曲《10 只绿色的瓶子》。想必这个歌曲的最初版本曾在许多场合被人从头到尾演唱过,而不像后来显得那么笨拙。

▽

光盘的初始技术条件规定,数字音频光盘(CD Digital Audio),即立体音响系统中常用的光盘,能够刻录 99 条音轨。

▽

在意大利,传说曾经有一位国王拥有 99 位精壮保镖,从而使 99 这个数与质量和高雅产生了一种联系。在现代,据说"99 号"(Number 99)冰淇淋是侨居海外的意大利人命名的,他们想要传递的观念就是高质量。不过这两种传说都不太站得住脚。研究表明上面所说的这些保镖必定是梵蒂冈的瑞士卫队,这组人传统上共有 105 位。而这种"99"冰淇淋——带有巧克力碎片的香草味——显然是一家苏格兰冰淇淋店的意大利老板命名的,取名的原因并不是因为与古老传说有任何关联,而是因为这家店位于主街 99 号。更多的证据表明,你不能轻信你所读到的东西。

99

100　$[2^2 \times 5^2]$

$100 = (1 + 2 + 3 + 4)^2$ 且 $100 = 1 + 8 + 27 + 64 = 1^3 + 2^3 + 3^3 + 4^3$

一般而言,前 n 个整数的立方和,就等于这前 n 个整数的和的平方。

▽

在十进制世界里,100 这个数出现在一些重要场合,这不足为奇。例如:
一美元中有 100 美分;摄氏温标中水的沸点是 100 度,这在很大程度上是故
意设计的;美国参议员的数目也是 100,50 个州各出两人。

▽

英语中的"*cent-*"这个前缀表示 100,例如"世纪"(century)、"蜈蚣"
(centipede),等等。在法语中,"*cent*"这个单词表示 100,它也是单词中各
字母按照字母表顺序排列的最大的法语数字。事实上,当你将 $2 \times 5 \times 10$
$= 100$ 这个等式用法语拼写出来时,看看发生了什么:

$$\text{DEUX} \times \text{CINQ} \times \text{DIX} = \text{CENT}$$

每个单词中的字母都是按照字母表顺序排列的!

▽

我最钟爱的对 100 这个数的应用也许是来自中国的,按照那里的传

统习俗,必须等到新生儿满100天时,才能给这个孩子正式取名。

▽

```
D E S C E N D A N T
E C H E N E I D A E
S H O R T C O A T S
C E R B E R U L U S
E N T E R O M E R E
N E C R O L A T E R
D I O U M A B A N A
A D A L E T A B A T
N A T U R E N A M E
T E S S E R A T E D
```

100等于10的平方,有几个值得我们注意的10×10方阵。人们花费了多年时间搜寻这个10×10的单词方阵。尽管还不完美(其中使用了2个鲜为人知的地名——Adaletabat和Dioumabana,而naturename的表示形式则应该是带有连字符的,即nature-name),但这已经是一项非凡的成就,说不定已经是最高成就了。成功构成一个11×11的单词方阵的概率实在是非常微小。

▽

100

还有一个不同类型的10×10方阵是由100个方格构成的,另有一组100个较小方格嵌套在其中。尽管我们负担不起奢侈地用10种颜色来表示,但是可以一言以蔽之:在每一行和每一列的两组方格中,各组中的10个方格都由10种颜色构成。

这个方阵是1959年由兰德公司的帕克(E. T. Parker)、北卡罗来纳大学的博斯(R. C. Bose)以及西里克汉德(S. Shrikhande)发现的。他们的研究工作解决了欧拉提出的一个由来已久的猜想。欧拉在一又四分之三个多世纪之前设想,假如方阵的边长是2、6、10、14……(用一般术语来说就

是与 2 对模 4 同余），那么这样一个希腊拉丁方阵是不可能实现的。当时已知其他一切边长的方阵都能够实现。

在帕克的履历上出现的兰德计算机公司（UNIVAC 计算机的制造者）暗示了这项发现是由计算机辅助的，但事实并非如此。尽管原本是有可能利用计算机来创造出某些尺寸的希腊拉丁方阵的，但帕克、博斯和西里克汉德的研究工作却更具一般性，因此结果证明了一个令人震惊的事实：希腊-拉丁方阵事实上对于除了 2 和 6 之外的任何边长都有可能实现。（请参见关于 36 的章节。）

101   [素数]

多迪·史密斯(Dodie Smith)在 1956 年出版的小说《101 忠狗》(*The Hundred and One Dalmatians*)中的主要情节在较年轻的读者们看来也许太阴森可怕了,但迪士尼公司却在 1961 年将此书改编成了一部取得巨大成功的动画电影,随后又在 1996 年改编成了一部实景真人电影。

▽

傅里叶(Joseph Fourier,1768—1830)在 20 岁时提出了这样一个问题:用 17 根直线是否能作出恰好 101 个交点?右边这个图形表示了 4 种可能的解答之一。傅里叶后来发展了代数和微分方程,甚至还(在 1824 年)发现了现在被称为"温室效应"的大气现象。

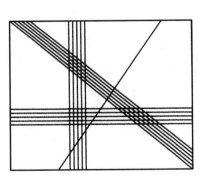

102 [2 ×3 ×17]

　　帝国大厦共有 102 层。当它于 1931 年完工时,超过了克莱斯勒大楼和华尔街 40 号,成为当时世界上最高的建筑物。它拥有自己的邮政编码——10118。

103　[素数]

戏剧/电影《证明》(*Proof*)中的主要角色是一位数学教授,他去世时留下了103本笔记本,它们的价值要留待一位数学专业的研究生和他自己的女儿来探索。电影版中的这位女儿由帕特洛(Gwyneth Paltrow)扮演。她其实是这些笔记本中所记载的一项开创性数学内容的作者。

104 $[2^3 \times 13]$

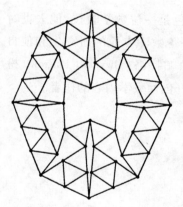

这幅图是德国数学家哈博特（Heiko
Harborth）的创作，是已知的 4-正则火柴图
中最小的。104 根火柴的排列形式使图中
每个顶点处都有 4 根火柴从该点向外
辐射。

事实证明，我们不可能构建出一种在
每个顶点处都有 5 根或更多火柴相接的排
列。对于在每个顶点处有 2 根火柴相接的
情况，答案就是一个等边三角形。你能找
到在每个顶点处都恰好有 3 根火柴相接的解答吗（使用 12 根火柴）？
（请参见答案。）

105　[3×5×7]

具有 3 个互不相同的奇素因数的最小数字是 105。在高等数学中,这个事实导致了一个惊人结果,其中涉及 $\Phi_{105}(x)$——所谓的 105 次分圆多项式。对于任意正整数 n,分圆多项式是表达式 $x^n - 1$ 的基本构件[①],并且它们呈现出某种简单的形式,例如

$$\Phi_2(x) = x + 1$$
$$\Phi_4(x) = x^2 + 1$$
$$\Phi_7(x) = x^6 + x^5 + x^4 + x^3 + x^2 + x + 1$$

无论如何,这并不算有多了不起,不过 $\Phi_{105}(x)$ 是第一个具有除了 1 和 -1 以外的任意系数的分圆多项式。

---

① 如 $x^{105} - 1 = \Phi_1(x)\Phi_3(x)\Phi_5(x)\Phi_7(x)\Phi_{105}(x)$。——译注

106 [2×53]

纽约交响乐团的乐器数量解读：

小提琴	33	倍低音管	1
中提琴	12	法国号	6
大提琴	11	小号	3
低音提琴	9	长号	3
长笛	4	低音长号	1
短笛	1	大号	1
双簧管	2	定音鼓	1
英国管	1	打击乐器	2
单簧管	4	竖琴	1
E 大调单簧管	1	大键琴	1
低音单簧管	1	钢琴	2
巴松管	4	风琴	1
总计	106		

107 [素数]

调幅(AM)无线电信号遍布在 535 至 1605 千赫(kHz)这个波段中。由于每个频率都有 10kHz 的带宽,因此在任一给定的区域都有 $\dfrac{(1605-535)}{10}=107$ 个可能的载波频率。

108 [2² × 3³]

108 在数学中最著名的出场也许是来自正五边形,其中每个内角的大小都是 108 度。

▽

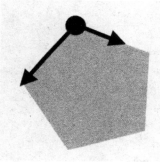

这个特殊的五边形被嵌在一对设定为 3:36 的钟表指针之间。请注意,小时数和分钟数的乘积是 3 × 36 = 108 = 两根指针之间的角度数。你能找到具有此性质的另两个时间吗?(请参见答案。)

▽

在荷马(Homer)的《奥德赛》(*Odyssey*)中,珀涅罗珀(Penelope)在奥

德赛离开期间受到了 108 名求婚者的追求。

▽

在一个美国职业棒球大联盟的官方用球上，共有 108 针双针线迹。

▽

凯纳斯特纸牌游戏使用 108 张牌——两幅完整的牌加 4 张大小怪。

108

109 [素数]

最前面的 109 个整数相加之和乘以 2 等于 10 900 + 1090。

$\frac{1}{109}$ 是一个循环节有 108 位的循环小数,其循环节结尾的几个数字是 853 211——斐波那契数列的开头几个数,只不过顺序是反过来的。特别是,假如你取前 109 个斐波那契数,并将它们各自除以 10 的 109 减去其在斐波那契数列中的位置数次幂(包括 0 在内),那么这 109 个数相加之和等于 $\frac{1}{109}$。(请参见关于 89 的章节。)

110 $[\,2\times5\times11\,, 5^2+6^2+7^2\,]$

对于托尔金①而言，110 的英文是"eleven-ty"。对于《科学美国人》的读者们而言，110 是麦格雷戈（William McGregor）的这幅绘画中的区域数量。加德纳声称这幅图案不可能只用 4 种颜色来着色，结果许多人都相信了他的话。这是在 1975 年，他用这幅画来作为一个愚人节的恶作剧。然而，仅仅一年之后，阿佩尔（Appel）和哈肯（Haken）就证明了 4 种颜色对于任何地图都足够了。（请参见关于 4 的章节。）

---

① 托尔金（J. R. R. Tolkien，1892—1973），英国作家、诗人、语言学家，以《霍比特人》（*The Hobbit*）、《魔戒》（*The Lord of the Rings*）等经典严肃奇幻作品闻名于世。——译注

111 [3×37]

任何一个6×6幻方都具有这样一种性质:任何行、列、对角线相加之和都等于111。(计算一个$n \times n$幻方的幻常数的一般公式是$\frac{n^3+n}{2}$,而$111 = \frac{(6^3+6)}{2}$。)下图中的这个幻方可追溯到中世纪,当时幻方被赋予一些神秘的性质。

6	32	3	34	35	1
7	11	27	28	8	30
19	14	16	15	23	24
18	20	22	21	17	13
25	29	10	9	26	12
36	5	33	4	2	31

说到6,111是英语中需要6个音节来表示的最小数字,而英式英语(还包括一个"and")则将这个总数提高到了7个。

112 　[2⁴×7]

我们在关于 21 的那个章节中看到,要将一个正方形剖分成几个具有互不相同的整数边长的正方形,那么这个大正方形可能的最小边长为 112 个单位。

▽

1945 年,美国占领军印发了《对法国人的 112 条抱怨》,以指导驻扎在那里的军队。这个标题听起来好像是在极尽嘲讽之能事,但这本书的实际目的却是要促进文化上和历史上的理解。例如:

6. 我们总是在把法国人拖出困境。他们可曾为我们做过任何事情吗?

假如你将美国独立战争计算在内的话,回答是肯定的。其中有拉斐特(Lafayette)将军,有 45 000 法国志愿军坐着小船横渡大西洋,还有超过 6 000 000 美元的贷款,而当时的 100 万美元可是一大笔钱呢。如此等等,不一而足。

113　[素数]

$\dfrac{355}{113}$极为接近 π $\left(\dfrac{355}{113} = 3.141\ 592\ 9\cdots, \text{而}\ \pi = 3.141\ 592\ 6\cdots\right)$。这是公元 5 世纪的中国数学家、天文学家祖冲之发现的。

114   [2 ×3 ×19]

114 这个数对于电影导演库布里克（Stanley Kubrick）来说显然有着特殊的吸引力，他为我们带来了《奇爱博士》（*Dr. Strangelove*）中的 CRM 114 无线电，以及《发条橙》（*A Clockwork Orange*）中亚历克斯（Alex）所注射的 114 号血清。

115 [5×23]

    115 法则的原理就如同 72 法则(请参见关于 72 的章节)一样奏效,只不过涉及的是变成原来的 3 倍而不是 2 倍。为了求出一项投资价值增加两倍所需要的时间,可用 115 去除以预期的年回报。例如,利用本章节标题给出的因数分解可得,一项年回报为 5% 的投资,会在大约 23 年后变为原来的 3 倍。正如 72 法则奏效的原因是 0.72 很接近 2 的(以 e 为底的)自然对数,1.15 则接近于 3 的自然对数。

116 $[2^2 \times 29]$

英格兰与法兰西之间的百年战争实际上是指 1337 年至 1453 年之间
的一系列冲突,历时 116 年。

117 $[3^2 \times 13]$

这幅图展示了一个海伦四面体——各边长(在图中已标出)、各面积和体积全都是有理数(分数)的四面体。图中描绘的这个整数海伦四面体的最长边(117)是可能达到的最小值。(是的,你没看错。)它的各个表面的面积分别是 1170、1800、1890 和 2016 平方单位,而它的体积是 18 144 立方单位。

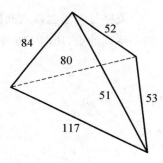

118   [2 ×59]

在 $n=4$ 的情况下,解决圣诞缎带问题所需的最短缎带长度是 118。这个问题是求 n 种不同盒子的尺寸,使它们有同样体积和同样的缎带长度。

$$118 = 14 + 50 + 54 \quad 14 \times 50 \times 54 = 37\,800$$
$$118 = 15 + 40 + 63 \quad 15 \times 40 \times 63 = 37\,800$$
$$118 = 18 + 30 + 70 \quad 18 \times 30 \times 70 = 37\,800$$
$$118 = 21 + 25 + 72 \quad 21 \times 25 \times 72 = 37\,800$$

▽

一枚十美分硬币的边缘有 118 道纹。

119　[7 ×17]

一枚 25 美分硬币的边缘有 119 道纹。

▽

两条直角边为相邻整数的毕达哥拉斯三角形中,第三小的是 119 -
120 - 169。

（最小、最著名的是 3 - 4 - 5,而第二小的是 20 - 21 - 29。）

120 $[2^3 \times 3 \times 5]$

排列一手 5 张牌的方式数 $= 5! = 5 \times 4 \times 3 \times 2 \times 1 = 120$。

▽

拼字游戏中第一步使用熟悉的单词可能得到的最高分是 120：例如在"自动点唱机"（*jukebox*）这个单词中，X 或 J 计双重字母分，加上双重单词分和 50 奖励分。当然，"挤压"（*Squeeze*）和"考查"的过去式（*quizzed*）也可以产生 120 分。

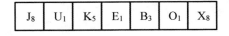

▽

$\{1, 3, 8, 120\}$ 这个集合具有一种不寻常的性质：假如你将这些数中

的任意两个相乘后再加 1,那么其结果就会得到一个完全平方数:

$1+1\times3$	$1+1\times8$	$1+1\times120$	$1+3\times8$	$1+3\times120$	$1+8\times120$
4	9	121	25	361	961

$\triangledown$

一个正六边形的各内角都是 120 度。

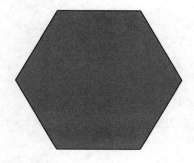

121 $[11^2, 3^0+3^1+3^2+3^3+3^4]$

121 是一个回文数,而且是一个回文数(11)的平方以及一个回文数(14 641)的平方根。这种类型的数有无穷多个,你能找到下一个吗?(请参见答案。)

▽

弹珠跳棋的英文"Chinese checkers"的字面意思是"中国跳棋",但它既不是起源于中国,也不是普通跳棋,而是一个有 121 个洞的标准棋盘游戏。

▽

在数学用语中,假如一个数既是完全平方数又是六角星数①,那就称之为平方星数。121 毫无意外是一个。121 之后的下一个平方星数是11 881。

---

① 六角星数是指能排成六角星的点阵所对应的形数。——译注

122 [2×61]

在计算机运算中,通用唯一识别码(Universally Unique Identifier,缩写为 UUID)本质上就是一个 128 个比特的结构,其中 6 个比特被声明为版本和变量,剩下 122 个是随机的比特。UUID 的总数有 2^{122} 个,这是一个 37 位数。

有海量的单独识别码符是很重要的,因为这就使偶然重复的可能性降到很低,以至于可以忽略不计。

123　［3×41］

123 的各位数字之和等于各位数字之积。

▽

从任何一个数开始，比如说 829 432 154。数出这个数中偶数的个数（5）和奇数的个数（4），并用这两个数及它们的和来构建出一个数：549。假如你从 549 开始重复这一过程，你会得到 123。事实证明，无论你从哪个数开始，在经过有限步后你都会终结于 123。

▽

在英国，拨打 123 后你就会接通英国电信公司的"语音报时钟"，据说其精确度达到千分之五秒以内。

▽

123 这个数最出名的地方不是作为一个数，而是由于其各位数字，比如说"就像 1－2－3 一样容易"、"Lotus 1－2－3"电子表格软件（当然设计得要比像 VisiCalc 之类的电子表格软件更易用），以及莱恩·巴里（Len Barry）的歌曲《1－2－3》（这首歌从未冲上过公告牌排行榜的第一名，不过在 1965 年发布时，在美国到达过第二名，而在英国则到达过第三名）。

124 $[2^2 \times 31]$

　　英国有 124 个邮政编码区域,这些区域在邮政编码中用前两位字母来定义。

125 [5³]

125 这个数是一个弗里德曼数，这个术语代表的那些数可以表示为一个仅用这个数本身的各位数字构成的等式。请看这个等式：

$$125 = 5^{(1+2)}$$

126 $[2 \times 3^2 \times 7]$

126 是物理学中的 6 个幻数中最大的一个,这些数得名的原因是,具有 2、8、20、50、82 或 126 个核子的原子核特别稳定。1963 年,格佩特-梅耶(Maria Goeppert-Mayer)、维格纳(Eugene Wigner)和延森(J. Hans D. Jensen)由于在寻求解释某些较高幻数中发现了原子核的壳层结构而分享了诺贝尔物理学奖。

▽

$126 = C_9^5 = \dfrac{9!}{5! \ 4!}$ 这个等式中有一处本书的许多其他地方也见过的数学简写符号,该式表示的事实是,从初始的由 9 个物体构成的集合中选取 5 个(或 4 个)物体的方式共有 126 种。当然,坦白说,只要将 9 和 5 改成其他什么值,那么有一大批数都可以表示为这种形式。不过,这里进行的这一特别"选取"是在于它在实际生活中是有意义的,因为它表示了美国最高法院出现的 5 比 4 决议的可能性。

127 [素数, $-1 + 2^7$]

在温布尔顿网球公开赛, 或任何有 128 位参赛者完整抽签的锦标赛上, 决出单打冠军需要进行 127 场比赛。有两种方式来确定 127 是正确的。第一种方法是首先注意到决赛只有一场比赛, 半决赛则有两场比赛, 以此类推, 一直到首轮的 64 场比赛。这些比赛场数之和为 $1 + 2 + 4 + 8 + 16 + 32 + 64$, 结果就等于 127 场。(一般来说, 2 的前 n 次幂之和, 包括 2^0 在内, 就等于 2 的下一次幂减 1。) 另一种计算比赛场数的方法是, 注意到每场比赛都将一位参赛者淘汰出局。只有一个人完全没有输过, 因此比赛总场数就等于 $128 - 1 = 127$。这种快捷计算方法适用于任何规模的抽签。当一场锦标赛上的参赛者或参赛队伍的数量不等于 2 的某次幂时, 就会出现"轮空"(bye), 以确保第二轮的数量是 2 的某次幂。

128 $[\,2^7\,]$

　　正如在关于 127 的那个章节中提到过的,任何重大网球锦标赛的第一轮比赛都由 128 位参赛者构成。一般而言,一场有 2^n 位参赛者的锦标赛就会有 n 轮比赛。

　　128 是一场网球大满贯单打赛事中的参赛者数量,它也是不能表示为 3 个互不相同的平方数之和的最大数字。

129 [3×43]

128 不能写成 3 个互不相同的平方数之和,而 129 则可以用两种方式表示为 3 个互不相同的平方数之和:$129 = 100 + 25 + 4 = 10^2 + 5^2 + 2^2$ 和 $129 = 64 + 49 + 16 = 8^2 + 7^2 + 4^2$。(具有这一性质的最小数字是 62。)假如将有两个重复平方数的 $64 + 64 + 1$ 和 $121 + 4 + 4$ 也包括进来,那么就总共有 4 种方法可将 129 表示为 3 个平方数之和,并且 129 是具有 4 种这样的表示方式的最小数字。

130 [2×5×13]

说到平方和,130 的几个最小因数是 1、2、5、10,且 130 = $1^2 + 2^2 + 5^2 + 10^2$。没有任何其他数等于其最小的 4 个因数的平方和。

131　[素数]

　　131 这个数不仅是一个素数,而且是一个可交换素数。如此称呼的原因是,其他可以通过交换其各位数字而得到的数,即 113 和 311,它们本身也是素数。此外,131 还可以用 13 和 31 这两个素数重叠而得到。

132 [$2^2 \times 3 \times 11$]

$$132 = 12 + 13 + 21 + 23 + 31 + 32$$

换言之,132 等于可以用它本身的各位数字构成的所有两位数之和。特别之处在于,132 是这样的数中最小的一个。想要猜猜下一个是哪个数吗?(请参见答案。)

▽

第六个卡特兰数是 132。卡特兰数出现在组合数学领域中的各种有关背景下。将一个八边形分成 6 个三角形有 132 种方法。用 6 个长方形覆盖同一个"阶梯图"有 132 种方法,而下图描述的是其中的两种。

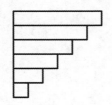 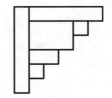

▽

卡特兰数的一般公式是 $\dfrac{C_{2n}^{n}}{(n+1)}$,也就等于 $\dfrac{(2n)!}{(n!)^2(n+1)}$。

133　[7×19]

根据威尔逊(D. E. Wilson)和里德尔(D. M. Reeder)在1993年做出的一项开创性的分类,世界上共有133个哺乳动物科。这些哺乳动物科的名称很容易看出来,因为它们的结尾处都是-*idae*,比如*Caenolestidae*(鼩鼱和负鼠)、*Dasypodidae*(食蚁兽)、*Odobenidae*(海象)、*Erethizontidae*(新大陆豪猪)和*Castoridae*(海狸)。令人惊奇的是,这133个科中的19个,整整七分之一,是各种各样的蝙蝠。

134 [2 ×67]

使用罗马数字表示法,134 是一个弗里德曼数:CXXXIV = XV × $\left(\dfrac{\text{XC}}{\text{X}}\right)$ – I 。(请参见关于 125 的章节。)

135 $\quad[\,3^3\times5\,,1^1+3^2+5^3\,]$

一个正八边形的每个角都是135度。

136 $[2^3 \times 17]$

　　根据标准的迈尔斯-布里格斯性格分类方案,总共有 16 种性格类型(参见关于 16 的章节)。不过,假如心理治疗师必须熟悉所有这些类型的话,那就很辛苦了,而夫妻关系治疗师的情况还要更糟糕一些。此时你可以从总共 16 种类型中选择两种互不相同类型的方式有 $\frac{16 \times 15}{2}$,即 120 种。而假如一对夫妻具有同样的性格类型,那么还要增加 16 种可能性,所以总计就是 136 种。

$$\triangledown$$

　　假如你计算 136 的各位数字的立方和,你就会得到 $1^3 + 3^3 + 6^3 = 244$。假如你重复这一过程,你就会得到 $2^3 + 4^3 + 4^3 = 136$。仅有的另一对能产生同样对称性的数是 919 与 1459。

137　[素数]

据说物理学家泡利（Wolfgang E. Pauli, 1900—1958）去世时住的是137号病房,在这之前他花费了毕生的时间试图证明137是"精细结构常数"的倒数。

138 [2 × 3 × 23]

在 1982 年朋克乐队"错配"（Misfits）推出他们的歌曲《我们是 138》（*We Are 138*）之前，对于这个数完全没有什么内容可说。而且从某种意义上来说，现在也仍然无话可说。

139 [素数]

由谜题设计大师卡特勒(Bill Cutler)领导的一项计算机研究证明,在不破坏结构的情况下,最多可以将一个六件套孔明锁(burr puzzle)分拆成 139 件。图示是能产生该最大值的孔明锁之一。

140 [$2^2 \times 5 \times 7$]

国际象棋棋盘上的一次"骑士巡游"是通过以下方法构建的:将一枚马放置在 64 个方格的任何一格之中,然后来回跳跃出一条路径,使这枚马经过其他各方格一次且仅经过一次。"魔幻骑士巡游"还要另加一条规定:假如你将这枚马在棋盘上各处巡游时经过的每个位置都编上号,那么结果得到的这个 64 个数的集合应构成一个幻方。"半魔幻骑士巡游"[史上第一个半幻方是贝弗利(William Beverley)在 1848 年构建出来的,如下图所示]是指通过这次巡游过程创建出一个半幻方——其各行、各列相加之和都等于幻常数(260),但是其两条对角线都不满足此条件。(在

1	48	31	50	33	16	63	18	260
30	51	46	3	62	19	14	35	260
47	2	49	32	15	34	17	64	260
52	29	4	45	20	61	36	13	260
5	44	25	56	9	40	21	60	260
28	53	8	41	24	57	12	37	260
43	6	55	26	39	10	59	22	260
54	27	42	7	58	23	38	11	260
260	260	260	260	260	260	260	260	

本例中它们的相加之和分别等于 282 和 210。)2003 年,梅里尼亚克(J. C. Meyrignac)和斯特恩滕布林克(Guenter Sterntenbrink)证明了纯 8×8 魔幻骑士巡游是不可能实现的,他们的研究还发现有 140 种不同形式的半魔幻巡游。

141　[3 ×47]

　　以爱尔兰数学家,后来成为神学家的卡伦(James Cullen,1867—1933)教士的名字命名的卡伦数是指具有 $n \cdot 2^n + 1$ 形式的数。若 $n = 1$,则 $n \cdot 2^n + 1 = 3$,这是一个素数,但下一个卡伦素数直到 $n = 141$ 时才出现。是否存在着无穷多个卡伦素数现在还不得而知。

142   [2×71]

一磅等于 453.59 克。一盎司等于 $\frac{1}{16}$ 磅。一克拉等于 200 毫克。将这些信息汇总到一起,你就会发现一盎司等于 142 克拉欠一点点。

143　[11×13]

143 这个数是 1001 的一个因数,因此能整除任何具有 *abc abc* 形式的数。

144 $[2^4 \times 3^2 , (1 + 4 + 4) \times$ $(1 \times 4 \times 4)]$

正如 12 个一组被称为一打,144 个一组或者说 12 打,则被称为一罗。具体来说就是 144 等于 12 的平方。碰巧的是,144 也是第十二个斐波那契数。斐波那契数列中仅有的另一个平方数是 1。

$\bigtriangledown$

144 还在欧拉"幂和猜想"的一个反例中发挥了作用。欧拉曾猜想,对于 $n > 2$ 的整数,至少需要 n 个 n 次幂相加,才能得到一个其本身为 n 次幂的数。(有点像是费马大定理的表亲。)这一猜想直到 1967 年才得以解决,兰德尔(L. J. Lander)和帕金(T. R. Parkin)在这一年发现了等式 $144^5 = 27^5 + 84^5 + 110^5 + 133^5$,这就意味着有 1 个五次方仅用 4 个五次方之和就可以表示了。

145 [5×29]

$$145 = 1 + 24 + 120 = 1! + 4! + 5!$$

除此以外只有一个数(不算 1 和 2 这两种不值一提的情况)能等于其各位数字的阶乘之和,这个数是 40 585。

▽

现在,从任何一个正整数开始,并将其各位数字的平方相加。例如,假如你选择的是 769,那么你得到的是 $7^2 + 6^2 + 9^2 = 166$。将这一过程重复一遍,你得到的是 $1^2 + 6^2 + 6^2 = 73$。接下去你会得到 $7^2 + 3^2 = 58$。值得注意的是,假如你这样继续下去,就会发生以下两件事之一:(1)你会得到 1,然后永远停留在那里;(2)你会达到一个由 8 个数构成的循环,其中最大的数是 145,然后你就会永远留在这个循环里。具体来说,假如你从 769 开始,仅仅五步之后你就会得到 145。这个包括 145 在内的完整循环是 {145, 42, 20, 4, 16, 37, 58, 89, 145}。

146 [2×73]

$$146 = 1 + 4 + 9 + 16 + 25 + 36 + 25 + 16 + 9 + 4 + 1$$

在计算掷两对骰子的各种概率时,会出现以上等式。两对骰子之和均为 2 的方式有一种,两对骰子之和均为 3 的方式有 4 种,以此类推。"7"是最常见的两骰子之和,而其他各种可能性则在 7 的两侧对称分布。

▽

用概率论的术语来说,这个等式意味着在掷两对骰子时,(在 1296 种方式中)有 146 种方式会造成两对骰子点数之和相同。因此,第一对骰子之和较大的概率就等于 $\frac{575}{1296}$,第二对骰子之和较大的概率也等于 $\frac{575}{1296}$,而两对骰子之和相等的概率为 $\frac{146}{1296}$。

147 [素数]

在不出现犯规的情况下，147 是可能获得的斯诺克单杆最高得分。

148 [2² ×37]

吸血鬼数是指一个数的各位数字可以重组成两个相乘等于原数的较小数。6 位的吸血鬼数共有 148 个(前提是假定你不能通过填补 0 来额外增加数字),其中最小的是 102 510 = 201 × 510,最大的是 939 658 = 953 × 986。

149 [素数]

　　虽然 149 是一个素数,但它的各种主要性质都是围绕着完全平方数展开的,列举如下:

　　149 等于 2 个完全平方数(100 和 49)之和。

　　149 由 2 个平方数(1 和 49)并列构成。

　　149 也等于 3 个连续平方数之和($6^2 + 7^2 + 8^2$)。

　　149 也由 3 个平方数(1、4、9)并列构成。

150 $[2 \times 3 \times 5^2]$

澳大利亚众议院有150位成员，每位成员代表一个不同的选举分区。"sesquicentennial"这个词表示150周年纪念。《圣经》中的《诗篇》恰好有150篇。这些都挺不错，不过150这个数最有趣的应用可以追溯到英国人类学家邓巴（Robin Dunbar）。他的研究表明，150是维持一种社会关系的人数上限。邓巴的研究实际上是一个公式，这个公式提供了每个物种的群体规模上限与该物种的新大脑皮质量之间的一种函数关系。对于智人而言，这个数的平均值是147.8。为了方便起见，邓巴将它近似为150，这个数就被称为邓巴数。

▽

正如格拉德韦尔（Malcolm Gladwell）在《引爆点》（*The Tipping Point*）一书中指出的，邓巴的研究证实了150这个数（或者至少近似于150）在哈特教派信徒中所发挥的作用。早在社会心理学存在之前很久，这些信徒就一直将他们的聚居地内的总人口限制在150人以下。从古罗马时代到如今的军队都维持着较小的单位，以提高凝聚力。出于同样的原因，戈尔特斯面料的制造商们也特地将每个工厂的员工数量维持在150人以下，他们纯粹是通过经验发现邓巴数的。

151 [素数]

一个回文素数,也是口袋妖怪(Pokémon)的形象数。

152 $[2^3 \times 19]$

一副中国麻将由 152 张牌构成：108 张字牌、16 张风牌、12 张三元牌、8 张花牌和 8 张百搭①。

---

① 现在比较流行的是 144 张牌的麻将，去掉了百搭牌。——译注

153 $[3^2 \times 17]$

$153 = 1^3 + 5^3 + 3^3$,并且它也是具有这种性质的 4 个数中最小的一个。(另外只有 370、371 和 407 这 3 个数等于其各位数字的立方和,记住没有任何数等于其各位数字的平方和。)153 还等于 $1 + 2 + 3 + 4 + 5 + 6 + 7 + 8 + 9 + 10 + 11 + 12 + 13 + 14 + 15 + 16 + 17$(从而使它成为第十七个三角形数)。此外,它还等于 $1! + 2! + 3! + 4! + 5!$。

154 [2 ×7 ×11]

在 1904 年到 1960 年期间(1919 年除外),一个棒球赛季由 154 场比赛构成:每个联盟中有 8 支球队,每支球队要与其所在联盟中的另外 7 支队伍各交锋 22 次。(参见关于 162 的章节。)

154! +1(1 加上最前面 154 个整数的乘积)是一个素数,并且多年来一直被认为是具有这种结构的最大已知素数。具有 $n! \pm 1$ 形式的素数被称为"阶乘素数"。据猜想,阶乘素数有无穷多个。请注意,假如 p 是一个素数,并且 $p < n$,那么 $n! +p$ 就绝不可能是素数,因为它能被 p 整除。

155　[5 ×31]

正如我们在关于 148 的那个章节中看到过的,假如任何数的各位数字经重新整理后能构成两个相乘等于原数的数,那么这个数就称为"吸血鬼数"。假如你把末尾带有 0 的那 7 个讨厌的数也包括在内,例如 150 × 930 = 139 500,那么共有 155 个 6 位的吸血鬼数。2003 年,有人发现了一个 100 位的吸血鬼数:975461057985063252587258039937610852004851098287639443706725069199204619314197041878638347963122 6428。它等于 9876543210987654321098765432109876543210899077689 8 × 9876543210987654321098765432109976543211000252348 6。

156 $[2^2 \times 3 \times 13]$

假设一只钟只在整点时敲响。经过 12 小时,钟敲响的总次数就是从 1 到 12 的整数相加之和。这个数 78 就是第十二个三角形数。因此,一整天钟敲响的总次数就等于 $2 \times 78 = 156$。

157 [素数]

$$157^2 = 24\ 649 \text{ 和 } 158^2 = 24\ 964$$

157 的平方与它下一个数的平方是由相同的数字构成的,而 157 曾经是已知最大的具有这一性质的数。你能想到最小的一对相邻数,它们的平方也使用同样的几个数字吗?对于那些真正热爱挑战的人,你们能想出一对更大的具有同一性质的相邻数吗?(请参见答案。)

158　[2×79]

希腊国歌是基于索洛莫斯(Dionysios Solomos)所写的一首有 158 节的诗,这首题为"自由颂"(*Hymn to the Freedom*)的诗的灵感来自 1821 年希腊反抗奥斯曼帝国压迫的革命。这首歌于 1864 年被正式采纳成为国歌。

159　[3×53]

一桶石油有 159 升。

160 [2⁵ × 5]

不要相信这张海报。我们会在几页后为你解释清楚。①

---

① 海报中车上方的字是"请看邦尼和克莱德遭到伏击并被杀的真车！"，车头处的字是"160个弹孔"。邦尼和克莱德是1967年根据真实事件改编的美国电影《邦尼和克莱德》(*Bonnie and Clyde*，也译为《雌雄大盗》)中的两位主角。——译注

161 [7×23]

除了 2 和 3 之外的所有其他素数都具有 $6n \pm 1$ 的形式。161 与这一内容有关的原因在于, 所有大于 161 的数都可以特别地表示为形式为 $6n - 1$ 的几个互不相同的素数之和。例如:

$$162 = 47 + 41 + 29 + 23 + 17 + 5$$
$$163 = 101 + 29 + 17 + 11 + 5$$
$$164 = 131 + 17 + 11 + 5$$
$$165 = 89 + 71 + 5$$
$$166 = 107 + 59$$

如此等等。这里并没有什么特别的模式在起作用,不过这种结构显然从 162 开始一直都是可以实现的。

162 $[\,2\times 3^4\,]$

自从 1961 年以来,美国职业棒球大联盟的常规赛共有 162 场比赛(参见关于 154 的章节)。

不过,这里有一个有趣的、被人遗忘的小问题。在 1961 年之前实行的 154 场比赛的赛程表是合理的,因为当时每个联盟中都有 8 支球队。因此每支球队都有 7 个对手。又由于 154 = 7 × 22,因此每支球队与其他每支球队恰好各交锋 22 次。

到这里为止一切顺利,不过当美国联盟在 1961 年由于洛杉矶天使队和明尼苏达双城队的加入而扩展到 10 支球队后,如果不改成 162 场比赛的赛程表,那么就会丧失上述整除性。但此时全国联盟仍然只有 8 支球队,因为纽约大都会队和休斯顿点 45 口径手枪队是直到 1962 年才加入的。因此,是哪个联盟放弃了自己漂亮、干净的赛程表①?

答案是谁都没有放弃。美国联盟各队与 9 个对手各赛 18 场,因此总共是 162 场比赛,而全国联盟仍然在最后一个赛季维持其 154 场比赛的赛程表。这就是为什么马里斯(Roger Maris)打破鲁思(Babe Ruth)的全垒打纪录的那额外的 8 场比赛如此引人注目的原因。

---

① 美国职业棒球大联盟由两个联盟构成,分别为全国联盟(National League,缩写为 NL)和美国联盟(American League,缩写为 AL)。——译注

如今,由于新增的分区和跨联盟比赛,而且整除性的概念早就令人感到陈旧过时,因此关于马里斯的 61 次全垒打纪录被打上了星号的传闻(是的,这只是一个传闻)也不会产生任何吸引力①。但在 1961 年,情况却有所不同。

---

①　由于赛程表改变而带来的比较基准不同,因此 1962 年对于在增加的 8 场比赛中创下的纪录都加上了星号以示区别。1991 年,大联盟决定取消所有纪录上的星号。——译注

163 [素数]

$e^{\pi\sqrt{163}}$这个数非常接近于一个整数。它的值是：

$$262\ 537\ 412\ 640\ 768\ 743.\ 999\ 999\ 999\ 999\ 25$$

这个数是《科学美国人》杂志的著名专栏作家加德纳在 1965 年愚人节作弄其读者们的主题。加德纳不仅声称 $e^{\pi\sqrt{163}}$ 是一个整数，他还将此归功于印度数学家拉马努金，说他在 1914 年的一篇论文中推测出这一"事实"，尽管法国数学家埃尔米特（Charles Hermite）早在 1859 年就知道事实并非如此。但自那时起，$e^{\pi\sqrt{163}}$ 这个数就有了一个古怪的名字——"拉马努金常数"。

164 $[2^2 \times 41]$

以下内容会令人联想到149，因为164等于两个平方数（100 和 64）之和，并且可以用两种方式表示为两个平方数并列的形式：1 和 64，或者16 和 4。

165   [3 ×5 ×11]

由于 165 等于几个三角形数之和,因此沿着帕斯卡三角形的第三条对角线可以找到它——在第十一行中。另一种说明方式是,从一个由 11 个物体构成的集合中选取 3 件物体的方式数等于 165。

166 [2×83]

166 是史密斯数的一个例子——它的各位数字之和(1+6+6=13)等于它的各素因数的各位数字之和(166=2×83,而2+8+3=13)。根据惯例,各素因数在相加时要计入它们的多重性,因此4(=2×2及2+2)是第一个史密斯数,而166则是第八个。最初的14个史密斯数的各位数字和都等于4、9或13。

史密斯数是在1982年提出的,当时利哈伊大学的数学家维兰斯基(Albert Wilansky)在沉思默想他的内弟哈罗德·史密斯(Harold Smith)的电话号码:493-7775。将它当做一个七位数时,可因数分解为3×5×5×65 837,而且4+9+3+7+7+7+5=42=3+5+5+6+5+8+3+7。维兰斯基对于自己的发现大为惊奇,因此他用他的内弟哈罗德·史密斯的名字来命名这个数。

167 [素数]

同轴电缆的带宽范围是从 0 到 1GHz，因此可以容纳 167 个独立的电视信号，每个信号各占 6MHz。

▽

网球选手纳芙拉蒂洛娃（Martina Navratilova）赢得过 167 次单打冠军，这是网球进入公开赛时代以来的一个纪录。

▽

在关于 160 的章节中出现的那张海报显然只是一个近似，因为邦妮和克莱德车上的弹孔达到 167 个（射入和射出的都计算在内），这是在 1934 年 5 月 23 日这对银行劫匪遭到致命的伏击后实际数得的。这个故事的寓意是：不要相信约整数。

168 $[2^3 \times 3 \times 7]$

假如有一项活动确确实实是以一周 7 天、一天 24 小时的形式持续了整整一个星期,那么这项活动总共进行了 24 × 7 = 168 小时。

▽

在国际象棋棋盘上,马有 168 种可能的上行方式。下图每个方格中的数给出了马从该方格出发可能有几种上行方式。

0	0	0	0	0	0	0	0
1	1	2	2	2	2	1	1
2	3	4	4	4	4	3	2
2	3	4	4	4	4	3	2
2	3	4	4	4	4	3	2
2	3	4	4	4	4	3	2
2	3	4	4	4	4	3	2
2	3	4	4	4	4	3	2

169 [13²]

$13 \times 13 = 169$，$31 \times 31 = 961$，这是此类结构中唯一等式右边没有重复数字的。

▽

德州扑克中共有 169 种功能互不相同的（有两张牌构成的）起手牌：13 种具有相同的牌面大小，78 种具有同一花色的不同牌面大小，还有 78 种具有不同花色的不同牌面大小。

170 　[2 ×5 ×17]

雅典人的三列桨座战船的动力来自分列在三层的 170 名桨手:最上面一层每边 31 人,下两层每边 27 人。

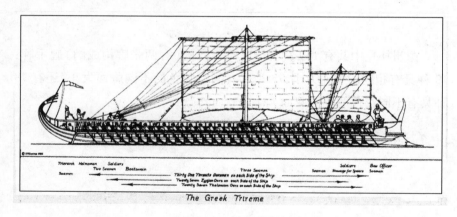

雅典人的三列桨座战船

171   [$3^2 \times 19$]

171 是一个三角形数,等于从 1 到 18 的总和。

▽

曼哈顿共有多少家星巴克咖啡店？这个数字是变化的,不过在 2007 年 6 月 29 日星期五那天,它们的总数为 171 家。在一个庆祝视频中,作家、喜剧演员马尔科夫（Mark Malkoff）遍访了每一家门店,他是从那一天的早晨 5∶30 出发的,结束时是 30 日星期六的早晨 2∶56。

172   [$2^2 \times 43$]

172 = (4 × 36) + (4 × 6) + (4 × 1),因此 172 的六进制表示就是 444。

▽

每一年中都有一至三个黑色星期五（即恰逢 13 日的星期五），而 21 世纪总共会有 172 个黑色星期五,其中第一个是 2001 年 4 月 13 日,最后一个是 2100 年 8 月 13 日。

173 [素数]

173 + 286 = 459 是 9 个非零数字恰好各用一次能构造出的最小总和。最大的总和是 981，可以用两种方式来构造：324 + 657 = 981 和 235 + 746 = 981。

▽

两次月食之间的周期大致为 173 天——略短于阴历的 6 个月。

174   [2×3×29]

　　通过将174的因数分解用两种不同方式来重新组合,我们就得到了连等式58×3=174=29×6,而这个等式中总共使用了9个非零数字,每个数字恰好各一次。

175 $[5^2 \times 7 , 100 + 1^2 + 7^2 + 5^2 ,$
$1^1 + 7^2 + 5^3]$

前 49 个正整数相加之和等于 $\frac{49 \times 50}{2} = 1225$。将该式除以 7 得 175，因此一个 7×7 幻方的各行、列、对角线相加之和都必定等于 175。在一种至少可以追溯到 16 世纪的迷信行为中，幻方被指派给太阳系中的各颗行星，下面这个幻方就被称为金星幻方。

22	47	16	41	10	35	4
5	23	48	17	42	11	29
30	6	24	49	18	36	12
13	31	7	25	43	19	37
38	14	32	1	26	44	20
21	39	8	33	2	27	45
46	15	40	9	34	3	28

176   [$2^4 \times 11$]
177   [3×59]

    176 和 177 这两个数通过以下这幅图产生了联系,图中用 11 个不同大小的较小正方形构建出一个 176 × 177 的长方形——"几乎"是一个正方形。产生一个真正的正方形至少需要 21 个不同大小的正方形。(请参见关于 21 的章节!)

    细分为若干正方形的长方形被用来模拟某些类型的电网。在这样的一个模型中,各个正方形的大小对应于这个网络本身的电流和(或)电压。

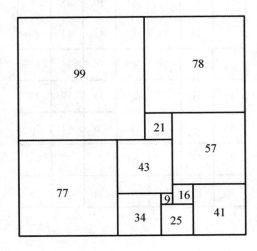

178   [2×89]

在不计算旋转之前，共有 220 种 4×4 幻方。在这 220 个幻方中，有 178 个是"平衡的"，意思是说它们的每一行、每一列和每一条对角线中都各有两个 1 到 8 之间的数和两个 9 到 16 之间的数。

179 [素数, 17×9+17+9]

179 = 11×15+14 这个等式使我们能够推断出,每一年中有 179 天在它所在月份中的日期数是偶数。无论是不是闰年,二月份总是有 14 个偶数日。

180 $[2^2 \times 3^2 \times 5,$
$(10 - 1) \times (10 - 8) \times (10 - 0)]$

假如你取最前面的 7 个正整数之积,然后除以它们的和,那么你就会得到180。

▽

在美国的大多数地区,180 是一学年中的标准天数。另外,学生们学习的许多知识中,包括半个圆有 180 度、一个三角形的三个内角度数之和也等于 180 度。这两条命题是相互联系的,正如下面给出的标准证明所表明的那样:

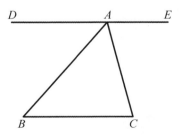

在上面的三角形 *ABC* 中,通过 *A* 点画一条平行于底边 *BC* 的直线。(欧几里得的平行公理说我们可以这样做,如果欧几里得觉得可以,那我也觉得可以。)由初等几何可知,*DE* 和 *BC* 相互平行这个事实意味着

∠ACB 和 ∠EAC 是相等的。同理，∠DAB 和 ∠ABC 也相等。因此，既然 ∠BAC 等于它本身，那么这个三角形的内角和就等于 D 和 E 两点间的角度大小，而那显然是半个圆，或者说是 180 度。

这一结果的一个推论是，一个有 n 条边的正多边形的内角和等于 180 度乘以 (n−2)，因为这样一个图形能够被分成 (n−2) 个三角形。

▽

由于 180 度是半个圆，因此 180 度大转弯就逐渐变成了"调头"的意思，无论是用于车辆还是表示某人完全改变了主意都是如此。

181 [素数]

职业棒球大联盟引入季后赛体系后，从理论上来说，一支球队就可以在一个赛季中参加 162 + 5 + 7 + 7 = 181 场比赛（其中 162 场是常规赛）。这是因为这一体系中包括由 5 场比赛构成的分区季后赛，和接下来的由 7 场比赛构成的联盟冠军联赛，当然还包括由 7 场比赛构成的世界职业棒球联赛。

▽

请回忆一下，围棋比赛是在一个 19 × 19 的网格上进行的，这样总共就有 19^2，或者说 361 个交叉点可以放置棋子。由于黑方先走，所以必定有 181 颗黑子和 180 颗白子，于是总共就是 361 颗棋子。

182 [2 ×7 ×13]

　　182 在华氏温标的构建过程中有过一次登场,这次登场十分短暂、没什么必要,而且还可能不足为信。关于这一主题的众多传说之一是,华伦海特(Daniel Gabriel Fahrenheit,1686—1736)本想让水的冰点和沸点之间相隔 180 度,就像现在的样子,但他起初制定 30 度为水的冰点,而 0 度则是按 50 - 50 的比例配置的盐水混合物的冰点。不过,当他测得水的沸点为 212 ℉时,由于这个 182 度的温差不合他的心意,因此他将冰点重新调整到了 32 ℉。

183 [3 × 61]
184 [2³ × 23]

183 和 184 这两个数之间的关联不仅仅是接近而已。首先,183 184 这个数是一个完全平方数(428^2),并且是通过将两个相邻整数并列而得到的最小平方数。(具有这一性质的其他六位数只有 $328\,329 = 573^2$、$528\,529 = 727^2$ 和 $715\,716 = 846^2$。)

这两个数还出现在"自回避行走"的领域中:要在一个 7 × 7 网格上走出一条由 7 步构成的路径,要求第一步向右行走,并且此后没有任何一步与已经走过的路径发生交叉。下图左侧是可能满足上述条件的 183 条路径之一。下图右侧是象棋中的车可能实现的 184 条四阶自回避路径之一,图中的这枚车从一个 4 × 4 网格的一角出发到达其对角,在途中同样

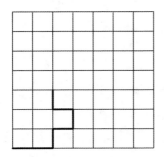
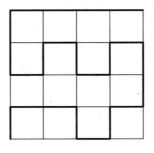

不能重游任何一点。

　　自回避行走被用于聚合物、溶剂和其他化学物质的研究,这些物质的物理性质可以用晶格型结构来模拟。

185 [5×37]

12 421 这个数是 185 个五位山型素数中的第一个,它们得名的原因是数字的最大值出现在该数的中间。

186 　[2 × 3 × 31]

从春分到秋分之间共有 186 天。请注意,这个数无疑是超过半年的。这 186 天与秋分到春分之间的 179 天之间的差别可以用如下事实来加以解释:地球在围绕着太阳的一条椭圆形轨道上持续运行,因此从春分到秋分之间的行程距离实际上比较远。不仅如此,地球在比较靠近太阳时移动得稍快一些,而最靠近的那一点(近日点)出现在一月初,接近冬至。这是开普勒第二定律的一个例子,这条定律说,从太阳指向地球的矢径在相等的时间内扫过相等的面积。

▽

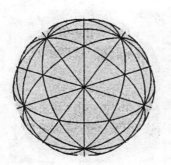

说到球,左图所示的是用三角形对一个球进行所谓的二十面体铺陈。这种特殊的铺陈方式被称为(2,3,5)铺陈,因为其中每个三角形的内角分别是 $\frac{180}{2}$、$\frac{180}{3}$ 和 $\frac{180}{5}$ 度。将这些角度相加,你就会得到 90 + 60 + 36 = 186 度。这提醒我们想起了在 180 那一节中证明过的那条著名法则:三角形的内角和等于 180 度,好吧,那条法则只在二维的情况下成立。

187 [11×17]

作为生日悖论（请参见关于 23 的章节）的一种拓展，假如在一个房间里有 187 个人（这不一定是个好主意，不过就让我们如此假设吧），那么这个房间里有 4 个人同一天生日的概率要超过 50%。

188 $[2^2 \times 47]$

由 188 = 1 + 4 + 9 + 25 + 49 + 100 可知,188 这个数等于 6 个互不相同的平方数之和。所有大于 188 的数都可以表示为最多 5 个互不相同的平方数之和。

189 [$3^3 \times 7$]

$$189 = 12 + 34 + 56 + 78 + 9$$

▽

根据某些统计,英语中包括 189 个不规则动词,第一个是 *abide*(忍受),最后一个是 *write*(写)。

▽

在语言中的其他方面,布莱叶盲文字母表(英语盲文)中总共包括 189 个单元和双元缩写形式。

190　[2 ×5 ×19]

　　假如你将 190 的因数分解用罗马数字写出来，你就会得到 II × V × XIX 。这些互不相同的素数全都是回文数，并且它们的乘积 CXC 也是。没有任何大于 190 的数具有这一性质。

▽

　　正如 X 在罗马数字中起着至关重要的作用一样，它们在保龄球运动中也起着至关重要而且特别合意的作用，因为保龄球中的 X 表示全中。不过，假如你很难得到 X 的话，也许你应该知道，在一次全中都没有掷出的情况下，你能够获得的最高分是 190 分。

191　[素数]

如果美国造币厂生产的所有面额的硬币你都各有一枚的话,那么你就会有一枚 1 美元硬币、一枚 50 美分硬币、一枚 25 美分硬币、一枚 10 美分硬币、一枚 5 美分硬币和一枚 1 美分硬币,因此总共是 100 + 50 + 25 + 10 + 5 + 1 = 191 美分。

192　[2⁶×3]

请注意,在 192 的因数分解中包括一堆 2 和一个 3。像这样的数有许多因数,而事实上 192 是具有 14 个因数的最小数字,它的因数有 1、2、3、4、6、8、12、16、24、32、48、64、96 和 192 本身。

▽

取两根长度为 20 英寸(约 51 厘米)的细棍,并将它们的一端相连。假如你移动它们各自的另一端,直到这两端相距 24 英寸(约 61 厘米),那么你就会构造出一个面积为 192 平方英寸(约 0.12 平方米)的三角形。假如你继续将这两根细棍分开,那么这个面积就会逐渐增大到某个值,然后又开始减小。到这两根细棍的两端恰好相距 32 英寸(约 81 厘米)时,

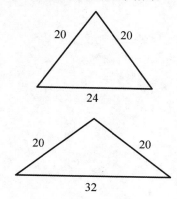

它们所构成的那个三角形面积就会再次恰好等于 192 平方英寸。在此期间曾经出现过一个最大面积。想要猜测一下这个最大值是多少吗？（请参见答案。）

▽

1	9	2
3	8	4
5	7	6

　　上面这个 3×3 方阵只不过是 192 的前三个倍数彼此堆叠起来而已。当然，它的特殊之处在于从 1 到 9 的每个数字都恰好出现了一次。

193 [素数]

　　用动物学家莫里斯（Desmond Morris）的话来说："猴和猿的种类共有
193 种，其中有 192 种身上覆盖着毛发。这个例外是一种将自己命名为
智人的裸猿。"莫里斯在他 1967 年出版的那本革命性的《裸猿》（*The Na-
ked Ape*）一书中叙述了这个例外。

194　[2×97]

罗马天主教教会在美国境内有 194 个主教教区,这个数字由于纳入了美军总教区而变成了 195 个。

195 [3×5×13]

斯坦威公司（Steinway）在 2004 年精心制作了一架"和平钢琴"，在其周围有 195 个国家的国旗，代表了当时联合国里的国家数量。

196 $[2^2 \times 7^2]$

大部分数在反复颠倒各位数字并相加后都会成为一个回文数。例如，从 349 这个数开始，就会得到 349 + 943 = 1292、1292 + 2921 = 4213、4213 + 3124 = 7337。这个过程并不总是如此迅捷：如果从 89 开始的话，你就需要经过 24 步才会达到一个回文数。196 在此处的切入点是什么？令人惊异的是，从 196 开始是否永远都不会得到一个回文数目前还不得而知。这是无法确定其转化可能性的最小数字。不知道是否永远都不会转化为回文数的数被称为利克瑞尔数，这是一类很有趣的数，因为根据利克瑞尔数的定义，我们很难确定一个特定的数究竟是否符合条件！

197　[素数]

　　197 属于一个被称为基思数(Keith number)的数字俱乐部。第一个基思数是 14,其特性如下:假如你从 1、4(换言之,即构成 14 的两个数字)开始构成一个数列,此后这个数列中每个新的数都是将其前面的两个数相加而得到的(如同斐波那契数那样),那么这个数列继续下去为 1,4,5,9,14,此时就达到了起始数。对于 197,起始的数列是 1,9,7,此后再把前面的 3 个数相加而构成 1,9,7,17,33,57,107,197。基思数极为罕见:根据我们最近的一次检查,完整的已知基思数清单中只包括 95 个数,从 14 一直到 29 位的庞然大物 70 267 375 510 207 885 242 218 837 404。

198 $[2 \times 3^2 \times 11,(1+9+8) \times 11,$
$11+99+88]$

10 000 以下的回文数共有 198 个,以下就是这些数:

9 个一位数:1,2,…,9

9 个两位数:11,22,…,99

90 个三位数:101,111,…,191,202,212,…,292,…,909,919,…,999

+90 个四位数:1001,1111,…,1991,2002,2112,…,2992,…,9009,
  9119,…,9999

——

198

199 [素数]

　　199 这个数是一个可交换素数,意思是说即使当你重新排列它的各位数字,它也仍然是一个素数。

▽

　　由于 199 有重复数位,因此这也只不过意味着 919 和 991 这两个数也是素数。另一方面,199 提供了一种额外的花式,即将它上下颠倒过来看时是 661,而这个数也是一个素数。

▽

　　请注意,191、193、197 和 199 都是素数。

200 [$2^3 \times 5^2$]

在我们的最后一个条目 200 中，什么都会涉及一点，这有点像本书的风格。首先，我们介绍一点数学方面的内容。

与 199 形成鲜明对比的是，200 是最小的不可素数：不仅 200 本身是一个合数，而且假如你将它的任何一位数字改成其他数，结果得到的仍然是一个合数。这就相当于说 200、201、202、203、204、205、206、207、208 和 209 都是合数，而这是第一个此类由 10 个连续合数构成的数列。

{1,2,3,4,5,6,7,8} 这些数有 $2^8 = 256$ 个子集。不过其中只有 200 个是"弱无三倍关系"的，意思是说它们不包括 {1,2,3} 或 {2,4,6} 作为其子集。

▽

然后涉及一些体育运动。

在保龄球运动中，假如你在整局中连续地交替打出全中和补中，那么你就会获得 200 分，有时候被称为"均摊 200"。更加有意思的是，体重超过 200 磅（约 91 千克）的拳击手被归入重量级。

▽

最后，我们还要谈一些近似值和牵强附会的东西。

据说人的视野范围大约为200度。一颗草莓上大约有200粒籽。如果这是在玩"大富翁"游戏就好了，那样的话你现在就能经过起点（Go）……并拿到你的200美元。

答　案

3

当帕斯卡三角形的行数趋向于无穷大时,其中奇数的个数与偶数的个数之比接近于零。

4

数出任何一个数的英语单词中的字母数(从而生成一个新的数,然后以这种方式继续下去),最终都会到达 4,对此的证明要比你想象的容易得多。第一步是要注意到,任何小于 4 的数,其英语单词中含有的字母数都大于其本身:1(ONE)有 3 个字母,2(TWO)有 3 个字母,而3(THREE)则有 5 个字母 。我们也不难看出,任何大于 4 的数,其英语单词中含有的字母数都小于其本身。

从 1(ONE)开始,并应用以上字母计数过程,就产生了 1(ONE)—3(THREE)—5(FIVE)—4(FOUR)这一序列。从 2(TWO)开始产生的是2(TWO)—3(THREE)—5(FIVE)—4(FOUR)。从 3(THREE)开始产生的是 3(THREE)—5(FIVE)—4(FOUR)。现在假设你选择任意一个数。假如你数出其英语表示中的字母数,你就会得到一个比你开始时要小的数,因此如果你继续下去的话,最终就会得到 1、2、3 或 4。而我们已经看到,这几个数都终结于 4(FOUR),因此我们的问题就得证了。

10

问题中的这些字母是最前面的 10 个正整数的英语尾字母。

解对数方程实际上比你想象的要容易。左边可简化成 $\log_2\left(\log_9(\div)\,9\right)$ 即 $\log_2(2^n)$。根据定义,这个式子就等于 n。

12

假设一个巴基球上有 P 个五边形和 H 个六边形。于是这个巴基球的总面数就是 $P+H$。它的总边数是 $\dfrac{(5P+6H)}{2}$,除以 2 是基于这样一个事实:巴基球上的每条边都是两个图形所共有的。同理可得,它的顶点数是 $\dfrac{(5P+6H)}{3}$。根据欧拉公式,有:

$$2+\frac{(5P+6H)}{2}=\frac{(5P+6H)}{3}+(P+H)$$

将上式两边都乘以 6 就得到:

$12+3(5P+6H)=2(5P+6H)+6(P+H)$,简化后得到

$$12+15P+18H=16P+18H$$

两边的 H 项神奇地相互抵消了,于是就给我们留下了 $P=12$。

16

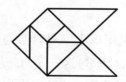

17

以下就是那个给出 17 个提示数字的数独游戏的解答:

9	1	4	6	5	3	8	7	2
5	3	6	8	2	7	1	4	9
8	2	7	9	4	1	6	5	3
7	6	8	3	1	5	9	2	4
1	5	3	4	9	2	7	6	8
2	4	9	7	6	8	3	1	5
3	7	8	1	8	4	2	9	6
6	8	2	5	7	9	4	3	1
4	9	1	2	3	6	5	8	7

19

23

这个由 23 个字母构成的序列为你提供的是一个字母表,它们是按照出现在字符串" ONE,TWO,THREE,FOUR,FIVE,…"(即"1,2,3,4,5,…")中的顺序来排列的。字母 C 直到"ONE OCTILLION"(即"10 的 27 次方")中才出现,而 J、K、Z 则自始至终根本没有出现。

27

15 这个数也具有同样的性质,因为 1 + 2 + 3 + 4 + 5 = 15。

29

一个边长分别为 a、b、c 的长方体的体积等于 abc，这个数至少会有 3 个素因数（可能有重复）。但是根据定义，29 个五联立方体组合在一起的体积是 5×29，这个数只有两个素因数。因此，无论你如何组合这 29 块五联立方体，它们都绝不会构成一个完美的长方体。

31

乍一看，这道谜题似乎很容易。从顶部开始，你用 99 减去 72 得 27。然后你用 45 减去 27 得 18，用 39 减去 18 得 21，以此类推。在问号处填入 15 后，这个模式完美地继续下去，因为 $36 - 21 = 15$ 且 $28 - 15 = 13$。不过，这一规律在底端却没有通过最终的测试，令人苦闷不已的是，此处 $21 - 13$ 得到的是 8，而不是最下方圆圈中的 7。

一旦你再稍稍到处寻找一下，应该就会毫无困难地发现，任何给定圆圈中的数都是通过将两个指向它的圆圈中的各位数字相加而得到的。因此 $7 + 2 + 9 + 9$ 就得到 27，如此一直到底端的 $1 + 3 + 2 + 1 = 7$。在此过程中，你发现用 $2 + 1 + 3 + 6 = 12$ 来代替问号后一切都天衣无缝了。因此你的答案正是 12。

35

下面这张图是道森（T. R. Dawson）在 1930 年创作的，展示了将一枚马移动 35 次而不与它自己的路径发生交叉的一种方法。

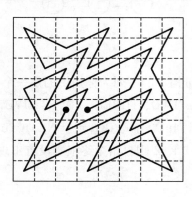

37

1. 一个人的头发数量随着头发颜色的不同而变化（例如，金发者比深发色者有更多头发），但是上限在 140 000 根左右。相比之下，有 1200 万人住在东京。你不可能将这 1200 万人放入 140 000 根狭槽里而没有至少两个人共享一根狭槽，而根据我们的做法，这两个人的头上显然就具有相同数量的头发。当然，使用像东京这样一个人口众多的城市属于杀鸡用牛刀了：用位于英格兰特伦特河畔斯托克或者亚拉巴马州的亨茨维尔来出这道谜题也同样有效。

2. 将原来那个等边三角形分成 4 个较小的等边三角形，如右图所示。这些较小三角形每一个的边长都是 1 英寸（约 2.5 厘米）。具体来说，如果有任意两个点位于这些三角形中的任何一个的内部，那么这两个点彼此之间的距离必定在 1 英寸以内。不过，如果你有 5 个点要放在这 4 个三角形之中，那么鸽巢原理保证了其中（至少）有两个点必定位于同一个三角形中。

3. 从最初的 100 个正整数中选出任意 10 个。这 10 个数构成的子集个数是 $2^{10} = 1024$（参见关于 4 那个章节的讨论）。但是在从 1 到 100 这个范围中选取的 10 个数的最大可能总和等于 $91 + 92 + 93 + \cdots + 100 = 955$。假如子集的个数比可能的总和数要多，那么至少有两个子集必定具有相同的总和。假如这两个集合是不相交的，那么你已经完成任务了。假如它们是相交的，那么你只要除去那些共同的元素，由此出现的不相交子集就必定也具有相同的总和，这是因为你所做的只不过是除去那些重复数字而已。

39

有一个比 39 更小的数，而它的最小因数和最大因数之间的所有素数之和等于这个数本身。这个数就是 10：它的素因数是 2 和 5，而 $2 + 3 + 5 = 10$。

48

5 × 12 的长方形也可以做到。其内部用 3 × 10 = 30 的铺陈方式,而边界使用余下的 30 个单位正方形。

51

这里列出的 51 个国家是 1945 年联合国成立时的创始成员国。

59

用 419(= 60 × 7 − 1)这个数去除以 $n = 2,3,4,5,6,7$ 中的任何一个数,我们得到的余数都是 $n − 1$。

62

这道谜题常常利用国际象棋棋盘来给出说明,你在这个棋盘上剪去对角线两端的那两个正方形,并看看是否能用旁边的骨牌来覆盖它:

将这些正方形进行着色后,就比较容易得出正确的结论。结论就是不能。每块 1 × 2 骨牌都是由一个白色正方形加一个黑色正方形构成的,而这块由 62 个正方形构成的棋盘则是剪去同一条对角线两顶点处的那两个同色正方形后得到的,因此必定有 32 个正方形是同一种颜色(在本例中为黑色),30 个正方形是另一种颜色。因此不可能实现覆盖。

69

另一个等于其罗马字母表示形式的数字值的数是 63。（63 = LXⅢ = 12 + 24 + 9 + 9 + 9 = 63。）

72

列出所有乘积可能等于 72 的 3 个正整数的集合。以下就是这张清单，其中每个集合中的 3 个数之和写在等号的右边：

1,1,72 = 74；1,2,36 = 39；1,3,24 = 28；1,4,18 = 23；1,6,12 = 19；1,8,9 = 18；2,2,18 = 22；2,3,12 = 17；2,4,9 = 15；2,6,6 = 14；3,3,8 = 14；3,4,6 = 13

假如前门上的数不是 14，那就完全没有不确定因素了，因此我们可以假定这些孩子要么是 2 岁、6 岁、6 岁，要么是 3 岁、3 岁、8 岁。这就是"我最小的那个孩子喜欢吃冰淇淋"这句话出现的作用。我们决定不纠结于一对双胞胎的出生时间先后，就可以得出结论：最小的孩子是 2 岁，而另两个孩子都是 6 岁。

72 之后的下一个在这个问题中可能成立的数是 225，它可以表示为 $1 \times 15 \times 15$ 或 $3 \times 3 \times 25$，而这两个集合中的 3 个数相加之和都等于 31。

75

漏掉的可能性是有两对捆绑的下列六种情况：

[AB][CD]　[AC][BD]　[AD][BC]　[BC][AD]　[BD][AC]　[CD][AB]

79

椰子问题的解决思路是要反过来想。设 x = 早晨分赃时每个盗贼取走的椰子数，于是在第三个盗贼拿走他的"份额"（并给了猴子一个）后，在场的椰子数是 $3x + 1$。第三个盗贼取走的椰子数是这个数的一半，因此第二个盗贼留下的椰子数是 $\left(\dfrac{3}{2}\right)(3x + 1) + 1$，只有当 $3x + 1$ 为偶数时,这才说得通。因此 x 就是奇数。好了,我们至少已经确定了一些事情。

当你再进一步深入研究时,你会发现这道题目的条件强制要求 $\dfrac{(3x+1)}{2}$ 也是奇数。并且无论这个数是什么,只要你将它乘以 3 后加 1 再除以 2,结果得到的那个数也必须是奇数。

情况在变得令人困惑。让我们来看一个实际的例子。如果 $x=3$,那么早上余下的就是 10 个椰子,因此在第三个盗贼给猴子一个之前就是 11 个。这意味着第三个盗贼拿走了 5 个椰子(3 乘以 3,加 1,再除以 2,与预计的一样),因此他一开始看到的必定是 16 个(取走 5 个,留下 10 个,给了猴子 1 个)。这就意味着第二个盗贼在给猴子一个之前留下的是 17 个,因此他必定拿走了 $\dfrac{(3\times 5+1)}{2}=8$ 个。但 8 是一个偶数,因此我们就无法继续到上一个层次了。

同样,如果 $x=5$,我们甚至会更快地到达 8,因此也行不通。不过,假如最后的分配情况是每人 7 个椰子,那么第三个盗贼就是从 34 个椰子中取走 11 个,第二个盗贼从 52 个椰子中取走 17 个,而第一个盗贼则是从一开始的 79 个椰子中取走 26 个。由于 26 是偶数,因此你就不能再继续到上一个层次了,但你也不需要再继续下去了,因为一共就只有 3 个盗贼。

81

我们可以把这个表达式改写为 $\left(p+1+\dfrac{1}{p}\right)\left(q+1+\dfrac{1}{q}\right)\left(r+1+\dfrac{1}{r}\right)\left(s+1+\dfrac{1}{s}\right)$。

稍加思考就会发现,这 4 个括号中的表达式必定每一个都大于等于 3,因此它们的乘积就必定大于等于 $3^4=81$。

83

列出的这 83 个五位数的平方都含有十位数字中的九个。每一批数左侧的数指明了不出现在对应平方数中的那个数字。

这一章节的第二个问题,假如你写出前 500 000 000 个正整数,你就会恰好用到 500 000 000 个 1。总共有 83 个正整数 n,在写出从 1 到 n 时,恰好用到 n 个 1,而 500 000 000 就在正中间。

92

5 枚皇后就足以攻击一块国际象棋棋盘上的任何方格。4 枚皇后是不够的。

93

这里列出的 93 个数构成了五位回文素数的完整清单。用粗体字表示的那些是在撰写本书时美国正在使用的邮政编码构成的五位数序列。

97

希望这道题目的措辞给了你一点暗示,因为答案是有点赖皮的"负97"(NEGATIVE NINETY-SEVEN)。

98

一开始你有 100 磅土豆,其中 99% 是水分,因此简单来说,你有 99 磅水和 1 磅某种固体物质。由于我们假设固体部分是不变的,因此当水分重量变成 49 磅时,这些固体物质才变成全部重量的 2% 。此时这些土豆的总重量就等于 1 + 49 = 50 磅。

104

瞧,12 根完全一样的火柴排列成如下形式,就使得每个顶点处都恰好有 3 根火柴相接。

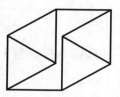

108

12:00 和 11:20 是一天中的另两个时间,它们的小时数乘以分钟数等于这两根指针之间的角度数。但是对于 11:20,你必须得绕个远道,即取大弧所对的角。

121

解答这个问题需要一点窍门。下一个既是一个回文数的平方又是一个回文数的平方根的数是 10 201,它是 101 的平方,又是 104 060 401 的平方根。

132

下一个数是 264,由 264 的各位数字构成的所有两位数,对它们求和的结果就得到此数。它当然就是 132 的两倍。由此你应该能找出具有同样性质的第三个数了!

157

由相邻数构成的数对,如果要满足这两个相邻数的平方具有同样的几个数字,那么这样的最小数对就是 {13,14}。这是因为 $13^2 = 169$ 且 $14^2 = 196$。

下一对具有这一性质的数对是 {157,158},再往后的一对是 {913,914},对此我们有 $913^2 = 833\,569$ 和 $914^2 = 835\,396$。

192

当这两条边构成一个直角时,三角形的面积达到最大,此时的面积为 200 平方英寸(约 0.13 平方米)。这个结论取决于这样一个事实:面积增大到某个程度,然后开始减小,而这个最大的点代表了某种对称性①。

答案

---

① 由 $S_\triangle = \dfrac{1}{2} ab\sin\theta$ 可得出上述结论。——译注

致　　谢

从封面和扉页看来，这本书好像是我独自写成的，但我无时无刻不在感念在此过程中得到的大量帮助。幸运的是，现在我有足够的空间来感谢那些给予我支持的所有人。

首先，我要感谢我的经纪人格里芬（Jennifer Griffin）和克莱梅（Mary Clemmey），她们分别是本书在纽约和伦敦的销售代表。我确信这本特别的书绝不是她们职业生涯中遇到过的简单任务，但她们从未放弃，对此我很感激。我在伦敦的编辑，先是麦克阿瑟（Caroline MacArthur），然后是玛丽·莫里斯（Mary Morris），她们接手了这个项目，并且很好地对其进行了远程管理。韦布（Nick Webb）是第一个签下本书的人，而且他花了无数个小时来厘清书中错综复杂的地方，与他合作令人感到很愉快。最后，近地点出版社的利齐（Marian Lizzi）汇总了一切，协助她的有伦迪（Christina Lundy）、埃斯特赖歇（Tiffany Estreicher）以及其他许多在我视线之外工作的人。

阿尼斯出版社的埃蒙斯（Lynne Emmons）将基于网络的艺术作品转换成适合纸面印刷的格式，从而为我们节省了时间。

我很庆幸我与一流数学家们进行了交谈，他们的专长与我书稿的一些目标有共同之处。我特别要感谢诺顿·斯塔尔、凯利（David Kelly）、亨斯贝尔格（Ross Honsberger）、斯坦利（Richard Stanley）、本杰明（Arthur Benjamin）、斯穆里安（Raymond Smullyan）、普列契（Gordon Prichett）和斯卡夫(Herbert Scarf),感谢他们的平易近人和不吝时间。

我使用了几十张最初在网上找到的图片,其中每一张的创作者或网页设计师都乐于提供帮助,他们给了我必要的许可。感谢 www.knowltonmosaics.com 的诺尔顿(Ken Knowlton),感谢卡斯滕·托马森(Carsten Thomassen)教授提供了他的托马森图,感谢哈拉(Bill Harrah)提供他的那幅美丽的林肯纪念堂绘画,感谢"技高迷客"公司的吉尔(Stephane Gires)和斯普里耶(Mathilde Spriet)提供他们的精彩游戏,对嘉顿公司的琼斯(Kate Jones)也要致以同样的感谢。名单还在继续:哈博特(Heiko Harborth)教授在博德(Jens P. Bode)的帮助下提供了他著名的牙签图;福莱辛格(Galen Frysinger),他的加尔桥艺术;弗莱门坎普(Achim Flammenkamp),他创造了非凡的 52 个方块的结构;洛伊(Jim Loy)的 17 边形样本;埃梅里(Michel Emery)发表在《L'Ouvert》上的美妙吻接数图;冈特恩(Michel Guntern)发表在 www.1800-Countries.com 上的法国地图;康特拉科斯塔学院(Contra Costa College)的托马斯·格林(Thomas Green)的柯尼斯堡七桥图;查特斯(Lawrence Charters)的历法;罗森堡(Ed Rosenberg)的旗帜;孟买的 A. 查特吉(A. Chatterjee)的国际象棋图软件;克拉克-史密斯(Rebecca Clark-Smith)的中美洲十字戏图像;罗斯霍曼理工学院(Rose-Hulman Institute of Technology)的布劳顿(Allen Broughton)的球形铺陈绘图;卡特勒(Bill Cutler)的巧妙把玩孔明锁的图像;丹·托马森(Dan Thomasson)的骑士巡游图;还有拉德尔(Andrew Ruddle)的三列桨座战船图片。

我还想感谢那些最后要在剪辑室地板上完成图片制作的人,其人数比我想的要多得多。其中包括 Winning Moves 游戏公司的佩奇(Laura Pecci);www.psychicteddybear.com 的戈雅(Stefan Goya);www.harpconnection.com 的麦奎利(Kristh MacQuarrie);蒙克顿(Christopher Monckton)、塞尔比(Alex Selby)和赖尔登(Oliver Riordan),他们制作了非同寻常的"永恒"拼图①;斯迈思(Danny Smythe)的椰子画;劳佩尔(Theodor Lauppert)的"石堂"像;大卫·菲利普斯(David Phillips)关于"巴斯克维

---

① "永恒"(Eternity)拼图创作于 1999 年,由 Ertl 公司推出,共有 209 片,当时提出的悬赏是四年内解决这个问题的人可以得到一百万英镑奖金。2000 年 10 月,剑桥大学的两位数学家成功解决了这个问题。"永恒 Ⅱ"2007 年夏天推出,共有 256 片,悬赏二百万美元,至今尚未出现正确解答。——译注

尔效应"①的曲线图;史蒂夫·索玛斯(Steve Sommars)和蒂姆·索玛斯(Tim Sommars)关于八边形的巧妙研究;吉尔伯特(Marc Gilbert)的网站上的洋基球场图像;杰里·奥林格电影材料商店的多丽(Dollie)挖掘出了一些真正的陈年旧物;德让(David DeJean)的彩色莲花调色板;克勒格尔(Michael Kroeger)和德特里(Thomas Detrie)绘制的二十面体;韦特(William Waite)的"针织宝塔"拼图;霍奇斯(Don Hodges)的"吃豆人"形象;最后,还有麦当劳的海雷克(Kristin Hylek)。

还有几个组织也对这项工作提供了帮助。感谢施坦威公司的德廷格(Heidi Dettinger)、ThinkFun 公司的哈特(Sarah Hart)和萨德尔(Jessica Zadlo)、猫头鹰工程公司的霍姆斯(Chris Holmes)和科斯塔(Peter Costa),以及 Fotosearch 公司的安德里亚·菲利普斯(Andrea Phillips)。我在图像搜寻过程中联系了几家博物馆和其他类似的收藏机构,并得到了牛津大学阿什莫尔博物馆的特纳(Amanda Turner)和海伦·斯泰瑟姆(Helen Statham)、联合媒体的厄斯塔什(Calune Eustache)、维多利亚和阿尔伯特博物馆的豪厄尔(Catherine Howell)及大英博物馆的马泽拉(Meghan Mazella)和瓦伦蒂娜(Valentina)的极大协助。如果没有盖蒂图片社的布兰肯伯格(Brian Blankenburg),那我的境况将会悲惨到连想都不敢想。

帮助我工作的还有我的妹妹伊莉莎·米勒(Eliza Miller),她从缅因州的芭蕾舞团中找到了巴兰钦的《小夜曲》的一张绝妙照片。斯洛克姆(Jerry Slocum)慷慨地提供了一幅1880年的原始15片拼图的图像。马拉斯皮纳(Pete Malaspina)使我有机会看到各种学术文献,否则我就无法获取相关信息。阿巴里斯出版社的韦斯特(Joseph West)提供了一些有用的建议。欣顿(Boots Hinton)为我提供的关于邦妮和克莱德的信息,这比我想象的还要多。很遗憾,限于篇幅,我对这两个臭名昭著的匪徒只能写区

---

① "巴斯克维尔效应"(Baskerville effect)是指有研究表明,在人们认为不吉利的日子里,心脏病导致的死亡率会高于平日。这个名字来自《福尔摩斯探案全集》中的《巴斯克维尔的猎犬》(*The Hound of the Baskervilles*),其中的主角查尔斯·巴斯克维尔爵士(Sir Charles Baskerville)迷信猎犬的鬼魂会复仇,由于极端的心理恐惧而导致心脏病发作死亡。——译注

区几段话,他们在欣顿才 5 个月大的时候就死了,而欣顿的父亲是一位民防团成员。如果还有什么欣顿不知道的细节,那么巴林杰(Frank Ballinger)就会提供支持。

最后,我也受益于各种数学网站:MathWorld 是绝对不可或缺的;www. primecurios. com 的奇闻趣事令人赏心悦目;Mudd Math Fun Facts 有一些有趣的谜题和奇特事物;斯泰森大学的弗里德曼一个人完成了一场数学表演,我非常钦佩他的研究工作;凯文·布朗(Kevin Brown)在 www. math pages. com 网站上的工作在很多场合都很有帮助;重访佩格(Ed Pegg)的 www. mathpuzzles. com 令人喜悦。最后说一下海外的情况,浏览法国网站 www. pagesperso-orange. fr/yoda. guillaume 是一件令人快乐的事情,为此我还要感谢维尔曼(Gerard Villemin)等人。

好了,我想我已经证明了这本书不是我独自写成的。再次感谢所有人。

关于作者

　　德里克·尼德曼是一位训练有素的数学家,但他从小就对谜题和趣味数学感兴趣。他写了好几部数学谜题书,并根据他早期在美国在线上作为"追根究底督察员"的大胆尝试写了两本短篇神秘故事《追根究底督察员的侦探小说》(*Inspector Forsooth's whodunits*)和《追根究底督察员的微型神秘故事》(*Inspector Forsooth's mini-mysteries*)。他为《纽约时报星期日版》(*Sunday New York Times*)创作了 20 多个字谜,并根据为本书所进行的研究,设计出了数学谜题"36 立方"。尼德曼的职业是一位投资学作家,他 1981 年从麻省理工学院获得数学博士学位,此后一直生活在波士顿地区。